《怪奇物语》

与

心理学

颠倒的生活

STRANGER
THINGS

〔美〕特拉维斯·兰利 主编

刘可澄 译

中国出版集团 东方出版中心

图书在版编目（CIP）数据

《怪奇物语》与心理学：颠倒的生活 /（美）特拉维斯·兰利主编；刘可澄译. －上海：东方出版中心，2024.2

ISBN 978-7-5473-2307-6

Ⅰ. ①怪… Ⅱ. ①特…②刘… Ⅲ. ①心理学－通俗读物 Ⅳ. ①B84-49

中国国家版本馆CIP数据核字（2023）第242365号

Stranger Things Psychology: Life Upside Down
Originally published by John Wiley & Sons, Inc., an imprint of Turner Publishing Company
Copyright © 2023 by Travis Langley. All rights reserved.

The simplified Chinese translation rights arranged through Rightol Media（本书中文简体版权经由锐拓传媒取得 Email: copyright@rightol.com）

上海市版权局著作权合同登记：
图字09-2023-1018号

《怪奇物语》与心理学：颠倒的生活

主　　编　［美］特拉维斯·兰利
译　　者　刘可澄
责任编辑　费多芬
装帧设计　钟　颖

出 版 人　陈义望
出版发行　东方出版中心
地　　址　上海市仙霞路345号
邮政编码　200336
电　　话　021-62417400
印 刷 者　上海颛辉印刷厂有限公司

开　　本　890mm×1240mm 1/32
印　　张　10.625
字　　数　220千字
版　　次　2024年2月第1版
印　　次　2024年2月第1次印刷
定　　价　58.00元

献给杰米·沃尔顿（Jamie Walton），

以及其他幸存者，

他们设法为需要逃脱黑暗的人们，

打造一个更安全的世界。

献给迈克·萨瑟兰（Mike Southerland），

以及其他所有引领我们了解奇异游戏的人，

我们因游戏而结识了更多同道中人，

并得以在颠倒的生活中找到前行的方向。

目 录

—————— 第二章 ——————
破　裂

—————— 第三章 ——————
失　去

致谢
我们的团队成员

　　我希望借由此书向杰米·沃尔顿与迈克·萨瑟兰致以诚挚敬意。杰米是一名英勇战士，与人贩子作斗争，积极为受害者发声。她年少时也曾被拐，后成长为与人口贩卖抗争的活动家。她致力于加深大众对剥削、拐卖儿童的认知，为受害者获取必要的社会福利，帮助受害儿童成长为身心健康的成年人，从而重返社会。杰米也曾在其他平台分享过她的故事。她向我们展示了一个人如何能从颠倒世界中幸存下来，与怪物抗争，并帮助其他人逃出黑暗。《〈怪奇物语〉与心理学》的销售所得将全部赠予一家解救帮扶受拐及受剥削儿童的非营利组织。

　　正如本书前言所述，在迈克的引领下，我和其他朋友认识了"龙与地下城"这款游戏，而这款游戏又为我们打开了更多新世界的大门。本书的各章节撰稿者也在朋友们的介绍下，接触到了（或再次玩起了）类似游戏。他们的朋友包括凯文·卡塞伊（Kevin Casey）、马克·赫穆拉（Mark Chmura）、弗雷德·德辛斯二世（Fredy Desince II）、罗伯特·邓肯（Robert Duncan）、塔拉·约翰逊（Talya Johnson）、艾丽斯·曼宁（Alice Manning）、马特·莫兰（Matt Moran）、唐·皮茨（Don Pitz）、汤姆·普莱夫卡（Tom Pleviak）、肖恩·斯通（Shawn Stone）、鲁斯蒂·特里（Rusty Terry）以及一个叫汉斯（Hans）的男人。还有少数朋友因结识得太早，撰稿者已回忆不起他们的名字。在《〈权力的游戏〉心理学：布满了恐惧的黑暗心灵》（Game of Thrones Psychology: The Mind is Dark and Full of Terrors）一书中，我提到了这款幻想类冒险游戏的创作者以及我们的游戏伙伴（包括初期一起玩的、不久后加入的，以及这么多年来一直都在的）。有几位朋友已经离开了这个世界，最近一位离我们而去的是凯文·罗宾斯（Kevin Robbins）。他是"龙与地下城"的狂热粉丝，喜欢抽雪茄，享受与亲朋共度时光，信仰上帝，爱听音乐，尤其喜欢蓝调旅者乐队（Blues Traveler）的歌。我们的朋友克雷格·布朗（Craig Brown）也是我们的游戏伙伴，他曾对罗斯·泰勒（Ross Taylor）和我这么评价过凯文·罗宾斯："他满腔热忱，能言善辩，很有主见。热爱一切生机勃勃的事物。最重要的是，他是我们的朋友。"

各章节的创作者也希望借此机会，对在生活中支持他们的人们致以谢意：马里特·阿佩尔多姆（Marit Appeldoom），艾丽斯与乔希·阿普利亚斯（Iris and Josh Apryasz），布莱恩·爱德华·塞伦斯（Brian Edward Therens），布里特妮·布朗菲尔德（Brittney Brownfield），汉娜·埃斯皮诺萨（Hannah Espinoza），卡罗琳·格雷科与阿娃·斯托弗（Caroline Greco and Ava Stover），杰弗里·亨德森（Jeffrey Henderson），卡特里娜·希尔（Katrina Hill），吉米·埃尔南德斯

（Jimmy Hernandez），伊夫琳与卡特·拉弗吉亚（Evelyn and Kat La Forgia），琳达·乔丹（Linda Jordan），老特拉维斯、林达、尼古拉斯及斯宾塞·兰利（Travis Sr., Lynda, Nicholas, and Spencer Langley），伊莱贾·马斯廷（Elijah Mastin），达斯汀·麦金尼斯（Dustin McGinnis），塞缪尔·科洛杰兹（Samuel Kolodezh），拉利塔、拉维与凯西万（最古灵精怪的小东西）·马拉［Lalitha, Ravi, and Keshwan（"the cutest strangest thing"）Malla］，安杰拉·彼得森（Angela Petersen），贝萨妮与卢恰诺（绰号卢卡）·圣胡安（Bethany and Luciano "Luca" San Juan），戴安娜与兰迪·维尔（Diane and Randy Veal），香农·贝拉斯克斯（Shannon Velazquez），阿曼达、以赛亚、西莱斯特、艾薇、凯莱布与汉娜·韦塞尔曼（Amanda, Isaiah, Celeste, Ivy, Caleb, and Hannah Wesselmann），以及所有曾与他们同游地下城的朋友。我们还要感谢T.K.科尔曼（T.K.Coleman）、丹尼·芬格罗斯（Danny Fingeroth）、莎伦·曼宁（Sharon Manning）、盖尔·Z.马丁（Gail Z.Martin）、道格·琼斯（Doug Jones）、弗雷德·赛贝哈根（Fred Saberhagen）、以及J.R.R.托尔金（J.R.R.Tolkien）。此外，我想感谢我的妻子丽贝卡·M.兰利（Rebecca M.Langley），她也是我最好的朋友。她的陪伴与支持，我视若珍宝。

在漫展上，我结识了多位章节创作者，也获得了许多机会，因此我要感谢圣地亚哥国际动漫展的组织者：埃迪·易卜拉欣（Eddie Ibrahim）、加里·萨萨曼（Gary Sassaman）、凯西·达尔顿（Cathy Dalton）、杰姬·埃斯特拉达（Jackie Estrada）、休·洛德（Sue Lord）、卡伦·马尤格巴（Karen Mayugba）、亚当·尼斯（Adam Neese）、埃米·拉米雷斯（Amy Ramirez）以及克里斯·斯图汉（Chris Sturhan）。还要感谢历届巫师世界动漫展及粉丝动漫展的组织者：凯文·博伊德（Kevin Boyd）、塔杰申·坎贝尔（Tajshen Campbell）、迈克·格雷戈雷克（Mike Gregorek）、彼得·卡茨（Peter Katz）、布鲁斯·麦金托什（Bruce MacIntosh）、杰里·米拉尼（Jerry Milani）、布里塔妮·里韦拉（Brittany Rivera）以及亚历克斯·韦尔（Alex Wer）。这一切都始于漫画艺术研讨会（漫展活动中的研讨会），联合发起人为兰迪·邓肯（Randy Duncan）与彼得·库根（Peter Coogan），如今的主席为凯特·麦克兰希（Kate McClancy），我也曾帮忙组织策划。

我平日的教学内容包括心理疾病、社会行为心理学及犯罪行为心理学。在每年春季学期，我会添加一些不一样的课程内容，通常以故事为主，利用电影、文学或其他艺术体裁来研究人类真实行为背后的科学原理。感谢所有来到我课堂的学生，是他们让我生出了创作这一系列作品的想法，并鞭策我不要放弃。感谢系里的写作组老师审阅了本书的部分内容：安吉拉·博斯韦尔（Angela Boswell）、安德鲁·伯特（Andrew Burt）、玛丽简·邓恩（Maryjane Dunn）、威廉·亨肖（William Henshaw）、迈克尔·泰勒（Michael Taylor）及香农·威蒂格（Shannon Wittig）。感谢拉特里娜·比斯利（Latrena Beasley）、桑德拉·D. 约翰逊（Sandra D.Johnson）、康妮·特斯塔（Connie Testa）以及《怪奇物语》的粉丝萨琳娜·埃布尔斯（Salina Ables）。感谢其他教职人员提供的宝贵帮助。

感谢我的经纪人，伊桑埃伦贝里文稿经纪公司（Ethan Ellenberg Literary Agency）的埃文·格雷戈里（Evan Gregory）；感谢特纳出版社（Turner Publishing）的策划编辑瑞安·斯莫诺夫（Ryan Smernoff）以及其他出色的工作伙伴，比如克莱尔·翁（Claire Ong）与蒂姆·霍尔茨（Tim Holtz）；感谢阅读及收听我们已面世作品的无数读者及听众，其中康妮·桑蒂斯特万（Connie Santisteban）此次作为责任编辑加入了我们。没有他们，就不会有这本书。感谢《怪奇物语》的导演马特与罗斯·达菲（Matt and Ross Duffer）、执行制片人肖恩·利维（Shawn Levy）与丹·科恩（Dan Cohen），以及一众了不起的演职人员。没有他们，就没有《怪奇物语》这部电视剧。演员塑造了角色的性格与内心世界，我们才得以在本书中对诸多角色一探究竟。而幕后人员让这一切成为可能。

感谢你与我们一同跃入黑暗，探索颠来倒去，甚至乱七八糟的生活，希望我们最终能够重见光明。

图1　康斯（Counse）摄于2018年。
图中是现实世界中的埃默里大学布赖尔克利夫校区，仿佛《怪奇物语》中虚构的霍金斯实验室的倒影。

前言
寻找魔王（Demogorgon）[I]

特拉维斯·兰利

　　曾经，在朋友的带领下，我们踏上了奇特的冒险之旅。或许年代久远，你已记不清那个朋友是谁，但总有人让你第一次领略了各类活动的魅力，比如玩游戏、听故事、做运动、为事业而奋斗，或是一些不良嗜好以及别的什么活动。这些活动对你有所启发，你借由它们消磨了时间，结识了有着相同爱好的朋友。我与迈克·萨瑟兰自初中时代便是好友，他乐此不疲地为我们几个朋友讲述"龙与地下城"有多好玩。直到两年多后，上了高中的我们才终于翻开了游戏的规则手册，开始画地图，掷起不寻常的多面骰，第一次踏上了冒险之旅，切身体验了迈克这些年来描绘的那个世界，我们很快便沉迷其中。因为这款游戏，我们中的几个朋友在高中时代及毕业之后，拥有了不同以往的

I　Demogorgon，来自颠倒世界的怪物，具有形如人类的躯体，头部为花朵状，花瓣上带有利齿。——译注

社交圈。有的朋友后来不再玩了；有的朋友升入大学后，以为自己不会再玩，却再一次地投入了新的战役，结交了新的游戏伙伴；还有的朋友从来就没有离开过这个游戏。

你的奇特冒险或许与"龙与地下城"毫无关联。这款游戏将年幼的威尔·拜尔斯（Will Byers）[I]与朋友们凝聚在一起，他们会使用游戏术语来描述将他们的生活变得一团糟的危险怪物。威尔与朋友因游戏而建立了深厚友谊，这一点让观众产生了共鸣。观众或许也有过类似经历，或许对这样的友谊充满了好奇，又或许渴望拥有这样一段关系。无论是哪种情况，个中关键都在于游戏。

在《怪奇物语》的首播集中，四个男孩担心在游戏中是否会遇上魔王。这个怪物对于他们当前的游戏等级而言实在过于强大。看到这里，我想起我的老友迈克·萨瑟兰喜欢哼的一句歌词，"寻找魔王！"（Look for the Demogorgon！），它由一句古老的广告歌词"认准联合会标签！"[II]改编而来。恰好就在这个时候，迈克·惠勒（Mike Wheeler）[III]拿出了一个怪物人偶，示意魔王来了！威尔不但在游戏中被魔王打败，随后在回家的路上又被怪物抓走。这个怪物后来被他们命名为魔王。剧中多次运用了类比手法，以源源不断、或大或小的危机映照出现实生

I　剧中角色，少年组的四个男孩之一，在第一季被怪物抓入颠倒世界，故事便由此展开。——译注

II　20世纪早期，国际妇女服装工人联合会的制衣工人会在衣服内缝上标有"认准联合会标签！"（Look for the Union Label）的标签，并以此作为广告语进行宣传，呼吁广大女性购买由女性制衣工人生产的服饰。——译注

III　剧中角色，少年组的四个男孩之一。——译注

活的混乱无序，尤其是成长过程的骚动与不安。我们不仅在对抗外界的怪物，也在与内心的怪物或神奇魔力作斗争，同时还在寻找能够与我们并肩作战的团队伙伴。

各章节的创作者将剧中角色的生活与我们在现实世界中的经历——包括人际交往的经历（人与人之间）及内在经历（个体自身）——联系在了一起。本书共有五个部分，探索了剧中人物的交友、破裂、失去、感受及疗愈五个方面。心理学不仅仅是一门关于心理健康的学科，许多人都对此有所误解。心理学关乎我们所做的一切事情，无论正常的还是不正常的。这是一门关于我们的故事的科学。就像剧中人物喜欢用"龙与地下城"的游戏术语来形容他们遇见的事情，我们也可以借鉴他们的故事，来探索我们的心理学世界。

各章节的创作者均为心理治疗师及教授，还有一位对心理学颇有涉猎的犯罪学家。部分篇章由两至三名专家共同完成。中学时代，"书呆子"这三个字往往充满了贬义。虽然我们当中的部分人回忆起那时的往事仍心有余悸，但我们依然为身为全职书呆子而感到骄傲。实话说，创作这类型的书籍让我们进一步成了"专业的书呆子"。我们都是神奇世界的忠实粉丝，这一次，我们厘清了《怪奇物语》的虚构情节与日常生活中心理学现象间的相似之处。我们寻找魔王，察觉暗影怪物[I]（Shadow Monster），躲避邪恶的维克那

I　Shadow Monster，亦称夺心魔（The Mind Flayer），来自颠倒世界的怪物，形如蜘蛛，会入侵人体，将人类肉体作为宿主。——译注

（Vecna）[1]。无论在哪里遇上怪物，我们都能制定策略以应对它们，并与现实冒险之旅中的其他玩家分享这些策略。你也能做到。

准备好投掷骰子了吗？

---

[1] Vecna，"龙与地下城"游戏中的经典反派角色，也是第四季中的主要反派人物。
——译注

交友

1

"朋友不会撒谎"

友谊理论及要素

温德·古德弗伦德
（Wind Goodfriend）

安德烈亚·弗朗茨
（Andrea Frantz）

朋友就是你愿意为他做任何事情的人。你会把自己酷炫的东西借给他们，比如漫画书和卡牌，他们也永远不会违背承诺……朋友会把一切事情都告诉彼此。

——迈克对十一说的话 [1]

我宁与朋友同行于黑暗之中，也不愿独行于光明之下。

——作家海伦·凯勒（Helen Keller）[2]

"朋友不会撒谎。"《怪奇物语》中的角色经历了诸多磨难，教会了我们什么是勇敢，也让我们知道一个人为了拯救孩子或朋友，会付出多大努力。主角间的深厚友谊是剧中最重要的议题之一。"朋友不会撒谎"等规矩明确地提醒着我们，这群蓬勃生长的青少年是如何学会行走于他们的社交世界中的。在发展与社会心理学的研究中，友谊心理学是相对小众但十分重要的领域[3]。友谊心理学预知了哪些青春期早期的常见友谊模式？《怪奇物语》的角色行为与友谊心理学的预测相符吗？

前青春期友谊研究

与同龄人建立友谊关系，这是成长过程中的重要部分。通过交友，前青春期的孩子将变得独立，不再全身心地依赖父母。而且，友谊对于提升孩子的幸福感与自我价值感也十分重要[4]。对于大多数人而言，在 10 至 18 岁期间，朋友数量会显著增加[5]。友谊真的很重要。一项研究显示，生活中每多一个好朋友，我们的幸福感就能提升 15% 之多[6]。在《怪奇物语》中，迈克、卢卡斯（Lucas）[I]、达斯汀（Dustin）[II] 与威尔之间的友谊具有一个逐渐成熟的过程，变得越来越复杂。随着年龄增长，他们开始学会去结识、欣赏、爱护新的朋友，比

I   剧中角色，全名为卢卡斯·辛克莱（Lucas Sinclair），少年组的四个男孩之一。——译注
II   剧中角色，全名为达斯汀·亨德森（Dustin Henderson），少年组的四个男孩之一。
     ——译注

如十一（Eleven）[I]、麦克斯（Max）[II]，甚至包括史蒂夫（Steve）[III]。他们会争吵也会和好，共同经历了许多事情。他们之间的互动十分写实。

团队成员会明确地表达他们对友谊关系的认知，时常提及团队规矩就是佐证，比如朋友不会撒谎，朋友不会违背诺言，永远不会抛下朋友，永远不会将团队秘密透露给外人等。这些规矩制定得非常明确。他们甚至还预想到了有成员违反规矩的情况，并为此制定了补充规则：先破坏规矩者（先动手的人）需要道歉，并主动和对方握手，若对方选择原谅，则会同意握手（握手前先在手心里吐一口口水，友谊将变得更加坚固）[7]。

无论在现实世界中还是虚构作品中，此类规矩在友谊关系里都十分常见。针对前青春期友谊的心理学研究，给予了我们另一个视角去看待剧中人物共度的美好时光与艰难时刻。有一项关于前青春期友谊心理学的重要研究[8]，旨在识别这个年龄阶段友谊关系中的典型维度与规则。研究人员访问了多名男童与女童，要求他们说出在与朋友交往的过程中，他们有哪些期待，又能获得哪些好处。另一组心理学家[9]将孩子的回答按照主题进行了分类，找出了前青春期友谊关系中的五大要素。在《怪奇物语》的友谊世界里，这五大要素均有明显体现。

I　剧中角色，原名简·艾夫斯（Jane Ives）。因具有超能力而自小被迫参与秘密实验，是布伦纳博士收养的第 11 个孩子，手臂上纹有编号 011。因而被小伙伴称为十一，时而简称一一（El）。——译注

II　剧中角色，全名为麦克斯·梅菲尔德（Max Mayfield），少年组成员之一，于第二季来到霍金斯小镇。——译注

III　剧中角色，全名为史蒂夫·哈灵顿（Steve Harrington），青年组成员之一，喜欢迈克的姐姐南茜。——译注

要素一：陪伴

要素一：陪伴

陪伴在不同语境下有不同含义。在友谊理论中，陪伴指自愿地在一起玩耍。研究显示[10]，受访儿童在谈到幼年友谊关系中的陪伴元素时，往往会提到以下几点：一起去找有意思的事情做，平日晚上或周末去对方家里玩，或者仅仅是坐下来聊聊生活及共同爱好。从《怪奇物语》的第一集开始，我们就能明显发现，陪伴是儿童友谊关系中的核心要素。

玩"龙与地下城"，在小镇里骑着自行车闲晃，在电子游戏厅打游戏[11]，或是万圣节时挨家挨户讨要糖果，这些行为都体现了孩子们友谊中的陪伴元素。一起玩耍就是一种陪伴。初识十一时，迈克向她展示了自己的人偶玩具与恐龙，甚至还告诉她怎么用懒人沙发取乐[12]。在这个年龄阶段，无论是结交新朋友（比如迈克和十一），还是维系老朋友（比如四个男孩子），一起嬉笑打闹都是友谊中的重要一环。

这个年龄阶段的陪伴关系中有一个重要部分：确保团队内的每一个成员都拥有重要且受尊重的角色（指根据个体在特定场景或团队内的定位而期待他会做出的一系列行为）。朋友需承担起自身在团队中的角色任务，并肩作战。举个例子，剧中的孩子们为了去密林中寻找威尔[13]，各自准备了工具、武器及干粮；为了能带十一去学校[14]，他们一起为她换装打扮。每一个人都有所贡献。玩"龙与地下城"时，他们的角色分工更加明晰。这款游戏划分了多个职业，比如战士、巫师、盗贼等。迈克坚守游戏中的职业划分，并告诉麦克斯，团队中已经没有"祖玛飞船"（Zoomer）[I-15] 的位置了（虽然迈克的这一观点日后将会有所改变，渐渐成熟）。应对较为严重的问题时，团队协作往往是必要的。他们必须依靠彼此，才能想出完成各种任务的方法。如果没有朋友的帮助，这些任务——比如理解颠倒世界、打败魔狗（Demodog）[II] 等[16]——将是难以完成的。

随着孩子逐渐长大，友谊关系中的陪伴元素将会遭遇危机（在现实生活中，当大家变得成熟，兴趣发生变化，有了各不相同的人生经历，不再扮演幼时角色，开启新的关系时，同样的事情往往也会上演）。每个角色都发展出了各自的喜好，交到了团队之外的新朋友。当迈克和卢卡斯只想和女朋友待在一起时，威尔察觉到了他们的陪伴关系有所降温。迈克和卢卡斯对"龙与地下城"不再像从前那样感兴趣——许多童年好友都会经历这样的变化——威尔与他们争论了起来。迈克和卢卡斯意识到威尔在那个时刻有多么受伤后，表达了歉意，并努力让威尔知道，他们十分珍惜与他一起的时光。后来，卢卡斯加入了篮球队，这次轮到达斯汀与迈克觉得受到了冷落。他们没有去看卢卡斯打比赛，这也让卢卡斯觉得自己被大家抛下了。然而，虽然和朋友出现了明显分歧，但卢卡斯仍尽力地保护他们，帮助他们[17]。

I　Zoomer：《星球大战》中的小型飞船。麦克斯提出希望加入迈克团队，并表示自己可以担任团队的"祖玛飞船"。——译注

II　Demodog：来自颠倒世界的怪物，形如犬只，四肢着地爬行，头部为裂开的花朵形状。——译注

要素二：亲密感

要素二：亲密感

亲密感指朋友之间的相互接纳、认可及情感依赖[18]。与朋友建立及维系亲密感的途径之一是相互自我表露，即将私密的个人信息告诉对方。迈克和十一刚认识的时候，十一问迈克下巴上的伤疤是怎么回事[19]。一开始，迈克说是不小心摔倒时弄的。十一提出"朋友不会撒谎"后，迈克才承认，他在学校里被人欺负了。十一听完只简单地表示，她能理解麦克的感受。她让迈克知道，虽然他在学校无法融入集体，但她不会对他有任何负面评价。十一的一句话便让两人的友谊更加坚固了（然而，十一却没有告诉迈克，她曾被布伦纳博士[I]收养的其他超能力孩子霸凌过。后来十一前往加利福尼亚州上高中时，也遭到了同学的霸凌，但她同样没有告诉迈克。如此隐瞒或许会破坏朋友间的亲密感[20]）。

重要的是，针对青少年友谊中的亲密感要素的研究发现，朋友会经常肯定彼此的重要性与价值。剧中的男孩们曾多次互相认可。在迈克与十一日渐深厚的亲密关系中，相互认可也是一个关键要素。迈克承认自己在学校被霸凌后，十一肯定了他的价值。迈克也曾数次对十一表达认可。十一对外表不自信时（如同许多年轻女孩一样），迈克告诉十一，即使她不化妆，不戴金色的假发，也依旧美

I　剧中角色，全名为马丁·布伦纳（Martin Brenner），"收养"了一群具有超能力的孩子进行秘密实验。——译注

丽[21]。更重要的是，迈克让十一相信她不是怪物，而是所有人的救星[22]。对于十一来说，或许正是因为她将自己认作"大家的救星"，所以日后才如此实践，并在复仇、爱及友谊间作出了选择[23]。此外，即使迈克认为十一已经死了，但仍在将近一年的时间里每天尝试联系十一[24]。

麦克斯将她们一家搬到霍金斯的原因告诉了卢卡斯，并坦承她和继父、继兄之间矛盾重重。由此，她和卢卡斯增强了对彼此的信任，友谊关系也得到了巩固[25]。卢卡斯向麦克斯坦露了威尔失踪及颠倒世界的事，这是两人关系的关键里程碑[26]。一开始，麦克斯以为卢卡斯在说谎，因为这件事情实在太过玄幻，不像是真的。她甚至不愿意与卢卡斯继续做朋友。麦克斯的这个举动清楚地表明，亲密感与信任感是相辅相成、缺一不可的。后来，麦克斯意识到，卢卡斯说的都是真的，他甚至为了让她能够加入团队而违反了规矩。从那以后，麦克斯与卢卡斯的友谊关系便坚不可摧了。

要素三：安全感

迈克让十一相信，她是大家的救星，而不是怪物。这个举动也体现了心理学家判定的前青春期友谊中的第三个要素——安全感，指个体明白自己与朋友的"联盟关系"是坚固可靠的[27]。受访儿童在谈到安全感时表示，当在家或在学校遇到麻烦时，他们期望能够得到朋友的支持。友谊中的安全感其实就是一个信任问题。《怪奇物语》中的诸多情节都体现了朋友间的信任。很多时候，剧中角色的人身安全与心理安全感都取决于他们对彼此的信任。

男孩们极少怀疑彼此，这是他们表达信任的一种方式。有一次，达斯汀让大家立刻拿出指南针。虽然这听上去没什么道理，但大家都马上照做了，没有多问一句[28]。男孩们默契地相信，团队成员都会相互保守秘密，不让外人知道。因此，卢卡斯在没有得到其他成员允许的情况下将团队秘密透露给了麦克斯，由此引发了矛盾[29]。剧中的成年人也在各自的友谊关系中建立起了信任感。霍珀（Hopper）[I]和乔伊斯（Joyce）[II]在希望对方相信自己时都曾说过："拜托，能不能相信我？"[30]

"朋友不会撒谎"，这条规矩是信任感与安全感的核心。疑心会让朋友产生分歧，破坏友谊理论的安全感要素。这一幕曾发生在十一与迈克的关系中。十一告诉迈克，威尔还活着，只是迷失在了颠倒世界中。迈克对十一深信不疑，但不料警方却打捞出了威尔的"尸体"。这个时候，迈克以为十一欺骗了自己，非常生气，朝她发了一通脾气。当十一拿出证据后，迈克才又相信了十一。这次事件过后，迈克对十一再无怀疑，并相信两人的友谊是安全可靠的。

I　剧中角色，全名为吉姆·霍珀（Jim Hopper），霍金斯小镇的警察局局长，收养了十一。中年组成员之一。——译注

II　剧中角色，全名为乔伊斯·拜尔斯（Joyce Byers），乔纳森和迈克两兄弟的妈妈。中年组成员之一。——译注

要素四：帮助

要素四：帮助

　　友谊关系中的第四个要素是帮助，与上文提到的其他要素——诸如安全感及亲密感——有重合的地方。帮助主要由两部分构成。在前青春期友谊中，帮助的第一部分为伸出援手，即当朋友无论因为什么原因而需要你时，你都在他的身边。《怪奇物语》一开始便体现了朋友间的援助行为。威尔失踪后，迈克、卢卡斯和达斯汀不顾一切地想要寻回他。卢卡斯甚至认为，十一的到来让大家不再专心致志地寻找威尔，并因而对十一感到不满[31]。在男孩们制定的规矩中，至少有一条是与帮助相关的，比如达斯汀会向朋友们发出"红色警报"，示意自己需要帮助（但大家并未回复，他因此而感到沮丧。这也表明，他以为朋友们会出手相助）[32]。

　　帮助的第二部分是保护朋友免受伤害[33]。受访儿童谈到这个话题时表示，真正的朋友会在对方受到伤害或骚扰时挺身而出。剧中最能体现这一点的是，当迈克、达斯汀、卢卡斯和威尔在学校里被特洛伊（Troy）[1]欺辱的时候。虽然没有办法阻止对方欺负自己，但男孩们至少能在事后相互安慰打气[34]。更重要的是，如果情况允许，他们还会直接帮助彼此，比如公开教训霸凌者[35]，甚至可能会为了解救朋友而置自身安全于不顾（比如迈克跳下悬崖）[36]。

I　剧中角色，霍金斯中学学生，经常霸凌主角团少年。

要素五：冲突

冲突竟然也是友谊的一部分，这或许会让你感到惊讶。然而，心理学研究确实将冲突列为友谊关系中的第五个要素。研究学者要求受访儿童描述真正的友谊包含哪些方面。孩子们指出，在他们与朋友的相处中，冲突时常发生，是友谊中的重要部分[37]。这群十一二岁的孩子在采访中给出的答案引人深思：朋友与其他同伴关系的不同之处在于，朋友能够解决冲突。即使意见不合，甚至大打出手，但真正的朋友也依然坚信，彼此的关系不会因此而破裂。《怪奇物语》中的少年角色在多个场景中都表达过类似态度。

当剧中人物认为团队中的某一成员做了错误决定时，他们总是愿意指出来。卢卡斯或许是最直言不讳的成员。他经常会表达不满，与朋友争论起来，例如，当大家对寻找威尔不那么上心的时候[38]；以及在万圣节时，他质问迈克是否因为他是黑人，才被分配到扮演《捉鬼敢死队》（*Ghostbusters*）中的温斯顿[I]一角[39]。重要的是，虽然经常发生冲突，但男孩们似乎从不担心这些矛盾会让他们的友谊彻底破裂。他们知道在这个团队中，意见不合或是争吵都是可以被接受的。正如前文所说，他们甚至建立了一套解决冲突的仪式：通过向对方表达关心和支持，比如握手，来和好如初。

I　电影《捉鬼敢死队》中的黑人队员。——译注

成长之路

友谊模式发生的时机也很重要。青春期之前，亲子关系是儿童生活中最重要的社交关系。在童年早期，同性友谊关系一直占据着重要地位，直至发育期前达到顶峰。身体开始发育后，个体对性的兴趣会让情况变得复杂[40]。对于喜欢异性的孩子来说，异性友谊关系会因为新奇且令人困惑的两性吸引力而变得不再简单。

两性的复杂性

麦克斯搬到霍金斯小镇时，令人困惑的两性吸引力社交法则对剧中角色而言十分重要。团队中的两个男孩（卢卡斯和达斯汀）为了赢得麦克斯的注意力及好感而相互竞争，他们的关系也因此变得紧张。每当十一看到迈克和麦克斯在一起时，便会心生嫉妒。此外，十一和迈克也因不知道如何向对方表达内心日渐深厚的情感而苦恼，不确定对方是否也对自己有意。随着年龄逐渐接近发育期及青春期，孩子们的社交关系或许还会涉及性吸引力，这便让情况更加复杂了[41]。团队中原本全是男孩，女孩的到来让氛围变得紧张。十一和麦克斯加入团队时都发生过这样的事情。男孩们不知道该不该允许女孩加入团队，也不知道青涩的情愫对于男孩之间的关系意味着什么。当男孩们与女孩们分别发现了男女间的不同之处后，同性友谊关系便得到了巩固。卢卡斯自以为聪明地宣称"女人和我们不是同一种物种"，以此来安慰迈克。男孩们打嗝放屁，还以为没有人知道，十一和麦克斯因此而笑得翻滚在地。[年龄稍长的青年角色也以类似方式建立起了同性友谊。例如罗宾（Robin）[I]对自己和南茜信心十足，她笃定地说："我们女生会团结一心的。"随后又嘲讽了一句男生："除非你们觉得，我们需要你们的保护。"][42]

在性的方面，威尔似乎有着自己的苦恼。他努力想与男性好友维系关系，还特别组织了一天"没有女孩日"。他也不明白为什么朋友们对亲吻女孩那么感兴趣[43]。他感到内疚、悲伤、孤独，并因此摧毁了拜尔斯城堡[II]，觉得自己"蠢到家"了。他曾经如此依赖的友谊关系，如今却让他困惑不已。在这个阶段，威尔的性取向仍不明朗。而同龄人们毫无感知，还因他对女生不太感兴趣而评判他，有的甚至假定他是同性恋并因此取笑他[44]。对于青年角色而言，性取向也是一个重要议题。罗宾告诉史蒂夫，她是不会和他发展出浪漫关系的，因为她是同性恋。史蒂夫接受了这一点，同时也接纳了她。两人的友谊关系变得无比坚固[45]。

I 剧中角色，全名为罗宾·巴克利（Robin Buckley），青年组成员之一。——译注
II 林中的一个小木棚，是威尔的秘密天地。——译注

成年人的友谊

成年人的友谊

关于需求，比如受到尊重、沟通顺畅，以及感受到始终如一的关爱，成年人的友谊有着成年人的规矩[46]。随着《怪奇物语》的剧情发展，乔伊斯·拜尔斯和吉姆·霍珀的友谊也逐渐深厚。他们是多年老友，高中时会在课间一起抽烟，两人的友谊便是在那时萌芽的[47]。他们携手拯救了威尔，又拯救了霍金斯小镇，后来还一起拯救了世界。在这个过程中，他们的友谊愈加坚固。当乔伊斯不顾一切地攻入俄罗斯监狱，将霍珀从死神手中抢了回来，并将他带回到美国后，两人的感情发展到了最亲密的阶段[48]。研究表明，随着年龄增长，我们的友谊社交圈会越来越小（朋友越来越少），但能留下来的都是高质量的朋友[49]。成年异性恋男女当然也可以成为亲密好友。不过，这样的关系最有可能发生在双方都是单身、没有另一半会吃醋的潜在问题时[50]。

乔伊斯与霍珀相互展露了自身的脆弱一面[51]，两人的关系由柏拉图式的友谊发展成了带有浪漫色彩的关系。霍珀邀请乔伊斯共进晚餐，并特别强调这不是一次约会，但乔伊斯未能赴约。霍珀第二天愤怒地表示，他觉得自己被放鸽子了[52]。他提醒乔伊斯，他们有着共同经历，无论是创伤经历还是非创伤经历。也正因如此，他们是同处于一个高质量友谊小圈子内的[53]。乔伊斯以自己的方式弥补了未能赴约的遗憾：邀请霍珀共进晚餐，并称之为一次正式的约会。然而，霍珀却意外"身亡"，这一次约会依旧未能实现[54]。第一次"约会"时，霍珀在恩佐餐厅等了乔伊斯一晚上。后来，乔伊斯在冰天雪地的死亡监狱与霍珀重逢，并把他救了出来。在这一过程中，这家餐厅极具象征意义[55]。

朋友的重要性

"你刚刚说'想让朋友开心'，这是不是意味着我们俩是朋友了？那种真正的朋友？"

——南茜对罗宾说的话[56]

剧中青少年角色的友谊关系稳固而健康，友谊理论的五大要素在他们的关系中均有呈现。心理学家[57]曾针对中学生做过一次问卷调查，要求受访学生对现有友谊关系中的五个要素进行评价。结果显示，冲突是最有可能终结一段友谊的要素。但同时，在五个方面——包括冲突——得分都较高的友谊关系是最有可能长久维系下去的。心理学家还发现，拥有高质量友谊的孩子更有机会健康成长，总体而言幸福感更高。

此外，心理学家进一步发现，在最为亲密的友谊关系中，五大要素呈强正相关性[58]。也就是说，在一段友谊关系中，若五大要素（陪伴、亲密感、安全感、帮助和冲突）中的任一要素强度较高，则另外四个要素的强度极有可能也是较高的。或许正是在这些要素的聚合影响下，我们生活中的一些友谊关系会更为重要，而另一些则仅仅是泛泛之交。在剧中男孩们的友谊关系中，这五大要素都十分突出。显然，他们都相互选择了彼此作为最重要的社交伙伴。迈克曾对达斯汀说，人可以拥有不止一个"最好的"朋友[59]，或许他说得没错。只要与一个朋友的关系符合上述五个要素，那么他就是我们最好的朋友。身边拥有这样一群勇敢、忠诚、热心的伙伴，我们应该感到幸运。他们是我们真正的朋友，也是我们的家人。

"我要回去找我的朋友了。我要回家了。"

——十一[60]

温德·古德弗伦德

博士，心理学教授，任教于艾奥瓦州斯托姆莱克市的比尤纳维斯特大学，担任性别研究项目负责人及社会科学学部主任。本科毕业于比尤纳维斯特大学，后于普渡大学取得社会心理学硕士及博士学位。古德弗伦德博士曾多次获得比尤纳维斯特大学"年度教员"的荣誉，其编撰的两本教材被教科书与学术作者协会评选为"年度最具潜力书籍"。

安德烈亚·弗朗茨

博士，数字媒体教授，大学记者协会全美执行董事。本科毕业于艾奥瓦州印第安诺拉镇的辛普森学院，后于艾奥瓦州立大学取得修辞与专业沟通硕士及博士学位。曾荣获多个教学及学术咨询奖项，包括因支持第一修正案而代表全美大学媒体协会获得路易斯·英格尔哈特奖。

2

在颠倒世界中找到前行方向

典型与非典型的青少年发育路径

哈普里特·马拉　　　　　　　埃琳·柯里

"人们不会浪费时间去探寻帘子背后有什么。他们喜欢帘子。帘子让他们感到安稳、舒适、黑白分明。"

——默里·鲍曼（Murray Bauman）[I,1]

"青少年不是怪物，他们只是一群尝试在成年人的世界拥有一席之地的人。而成年人自己或许也不太确定如何才能做到这一点。"

——心理治疗师维吉尼亚·萨提亚（Virginia Satir）[2]

I　剧中角色，曾是调查记者，后为自由调查员。中年组成员之一。——译注

霍金斯镇的居民不愿承认政府活动及颠倒世界背后的复杂真相，甚至不愿直面自己的孩子在青春期的尴尬与笨拙。通常而言，青春期是一个重要的过渡阶段，青少年的身体会发育变化，这也影响了他们的想法、感受与行为。此外，社会文化针对性行为设置了诸多传统、规范和准则，使得青少年需要应对更为艰巨的挑战[3]。身体开始发育后，青少年会发现越来越多的文化标准与规矩。这些规范与性别有着极强的联系，甚至是双标的，或不符合逻辑的[4]。如果成年人不敢与青少年开诚布公地谈论身体发育带来的变化，那么发育过程将会变得更加复杂。对于没有遵循典型发育路径的青少年而言，青春期是更为可怕的。他们较难获得关于自身经历的正确信息，有更大的可能性会觉得孤立无援或"不正常"，而他们本无须有此感受。而且事实上，他们既不孤独，又非不正常。霍金斯的青少年进入发育期后，产生了性欲望，经历了情绪及社会关系上的变化。当他们在对抗颠倒世界的怪物时，这些变化都对他们造成了直接或间接的影响。

身体发育与性

《怪奇物语》的故事开篇时，十一及与和她交好的男孩们都是 12 岁左右，刚刚进入发育期，即从幼儿成长为成年人所需经历的物理过程。除了身体会有明显改变以外，大脑中也会发生变化，这些变化影响了个体的思维方式与行为方式。睾丸素、雌性激素与肾上腺素在这一时期的分泌量迅速提升，待进入成年期后将趋于平稳。发育期的大脑对于生理刺激、情绪刺激及同龄人（尤其是可能会发生浪漫关系或性关系的同龄人）的赞赏都更为敏感[5]。

有一次玩"龙与地下城"时，迈克扮演地下城主指挥着男孩们，他们有着各自的角色，沉浸在共同创造的游戏空间里，合作打败想象出来的怪物，完成探险任务[6]。与爱好相同的同性结为朋友，这在各国文化中都十分常见[7]。游戏结束后，达斯汀拿着最后一块比萨来到迈克姐姐南茜的房间门口，想把比萨给南茜吃，不料自己却吃了闭门羹。这一幕暗示了达斯汀萌芽的浪漫情愫或性兴趣。当男孩们希望把十一踢出团队时，迈克总是一口咬定自己对她没有任何感觉。即便如此，在第一季末尾，迈克依然与十一交换了初吻[8]。同龄朋友们以不同的速度经历着身体、情绪及社会关系的变化，在这个时候感受到压力、困惑及不确定性都是非常常见的[9]。而新的关系会进一步地挑战现有的友谊关系[10]。青少年经历上述变化时往往会感到尴尬。在自我意识的影响下，他们会避免与他人直接沟通，这使得问题更加难以解决。

伴随身心变化一起发生的还有社会角色与社会期待的变化。在美国及一些其他国家，社会角色与社会期待往往基于"异性恋脚本"（heterosexual script），其中包括对男人与女人行为处事的不同期待及设下的不同规范[11]。为了让十一能够融入学校，男孩们找来了符合刻板印象的服饰：一条粉色裙子及一顶及肩的金色假发，还帮她化妆打扮。十一装扮完成后，男孩们又一次有些手足无措，不知道该说些什么。这表明他们采用了全新视角去看待十一,将她看作了一个有吸引力的女孩。就连在实验室里长大的十一也愿意被视作是美丽的[12]。男孩们的惊讶无措体现了他们对十一的感受发生了巨大变化,虽然十一变装仅仅花了几分钟的时间,且仅仅是外表发生了变化。

逐渐步入青春期的主角们在面对爱与性时,情绪反应产生了更大变化。卢卡斯和达斯汀相互竞争,希望能吸引麦克斯的注意,获得她的青睐[13]。他们会用望远镜远远地观察麦克斯,想方设法地知道她的日程表,好知道她会去哪些地方[14]。从生物学角度来说,发育期青少年的前额叶皮质尚未完全成熟,因此他们难以换位思考,无法从他人的角度去看这个世界。此外,他们对冲动的抑制力也较为薄弱。这就是为什么,即使麦克斯当面吐槽他们是"跟踪狂",他们也没有停止这一系列行为[15]。这一剧情完全按照异性恋脚本展开,即男人应该相互竞争,以赢取女人欢心。而女人则是被动的客体,等待着胜利的男人来拥有自己。这一脚本并未考虑女性对男性有何感受[16]。

受胜负欲、占有欲及异性恋脚本影响而表现不佳的并不只有男孩们。看见迈克和麦克斯在一起,十一心中陡然升起了一股妒忌之情,并用超能力将滑着滑板的麦克斯撞倒在地[17]。十一突如其来的嫉妒情绪体现了青少年的大脑在青春期所经历的变化,愤怒及不安全感等情绪会被放大[18]。好朋友芭比(Barb)[I]遭遇危险,南茜

I 剧中角色,全名为芭芭拉·霍兰(Barbara Holland),南茜的好朋友。——译注

却在与史蒂夫亲热，这让她觉得自己应该受到惩罚[19]。后来她与乔纳森（Jonathan）[1]相处时或许也有相同感受[20]。南茜的行为违反了异性恋脚本中的"好女孩"原则：男人可以拥有婚外性行为，但好女人必须洁身自好，或是只能与自己的丈夫发生性关系[21]。芭比强烈反对南茜与史蒂夫发生性关系，南茜因此感到十分羞愧[22]。后来，史蒂夫的朋友（其中还有一名女性）在大庭广众下称南茜为"荡妇"[23]。可见，男人和女人都会通过社交羞辱的方式不断强化异性恋脚本[24]。

在第三季中，迈克和十一度过了许多"亲密时光"。这使得十一的养父霍珀万分焦虑，时而暴跳如雷。与此同时，作为男孩妈妈的乔伊斯发现南茜在乔纳森的房中过夜后，似乎并不觉得有什么问题[25]。霍珀与乔伊斯的不同反应可能正是异性恋脚本的体现：男性在睾丸素的影响下有着比女性更旺盛的性欲，因此男性寻找性伴侣是正常的。还有一种可能是，这反映了父母对不同年龄段的孩子有着不一样的考虑。南茜和乔纳森都已经 18 岁，按照美国标准已是成年人。而迈克和十一才刚刚进入青春期，所以霍珀与大部分家长一样，认为自己应该保护十一。或许也因为他对异性恋脚本十分熟悉，深知这个社会提倡男孩尽早地、积极地发生性行为；但若女性做出相同行为，则会受到惩罚[26]。

I 剧中角色，全名为乔纳森·拜尔斯（Jonathan Byers），威尔的哥哥，喜欢南茜。青年组成员之一。——译注

警示

因为我们知道迈克、卢卡斯和达斯汀年幼无知，没有坏心肠，所以会把他们排挤、"跟踪"[27]女孩的行为解读为小男孩行事笨拙，尚不成熟，而忽略了这些行为的严重性。我们会将他们的所作所为视作正在经历身体、情绪及社会关系变化的青春期男孩的常见行为。然而，有的男孩长大后也未能改正这些做法，这会造成极为严重的后果。在诸如游戏、计算机编程等行业内，女性从业人员受到恶意针对及歧视的比例要高于男性[28]。针对"非自愿独身者（incel）运动"的研究表明，在最极端的情况下，部分自称为"好男人"的男人会物化及非人化女性，甚至当他们自认为有资格获得女性的注意却未如愿以偿时，更是会诉诸暴力[29]。

拥抱多元

尽管典型的性发育过程也涉及诸多考虑因素，但在1983年的印第安纳州霍金斯小镇，仍有不少角色的发育模式被认为是不符合规范的。举个例子，虽然威尔·拜尔斯是团队中唯一没有恋爱的成员，但他依旧因为朋友们的变化而感到烦恼。分别被十一和麦克斯甩了以后，迈克和卢卡斯入迷地讨论着"女人这种不一样的物种"，尝试破解她们的行为密码。而此时的威尔只想玩"龙与地下城"，一心想让朋友们开心起来。可迈克和卢卡斯无视了威尔的努力，反而还嘲笑他。"龙与地下城"曾让男孩们亲密无间，如今威尔却因为想玩这款游戏而遭到嘲笑，他觉得自己被冷落了（后来因为情感未得回应而心碎）[30]。在达斯汀遇到苏茜之前，史蒂夫为了不让他的年轻朋友受情伤而这么对他说："她只会让你心碎的。你还太年轻，承受不了的。"[31]看着迈克和卢卡斯与女朋友成双成对，达斯汀觉得自己被落下了。"开窍晚"的青少年常常会有这种被排挤的感觉。他们因为各种各样的原因晚于同龄人进入恋爱世界：或是主动选择不谈恋爱，或是不愿承担爱情的风险，或是经历了阻碍成长的创伤而需要疗愈，又或是在同龄人社交群体中缺乏恋爱机会。部分人仅仅是因为偏离了常规轨道，就需要经历更加复杂的发育过程。同性恋及无性恋群体便可能属于这种情况。

心理学家、性治疗师薇薇恩·卡斯（Vivien Cass）提出了青少年发育的身份认同模型，有助于将偏离常规的发育过程可视化[32]。模型指出，未遵循典型路径或大多数人发育路径的青少年会产生"认同困惑"（identity confusion）：发现自己对异性之爱的期待异于常人，并因此感到不适。而后，个体会与身边人作比较，这个阶段称作"认同比较"（identity comparison）。例如达斯汀就希望变得像史蒂夫一样，对异性具有强大的吸引力。接受了自己与他人不一样后，个体会进入"认同容忍"（identity tolerance）阶段：在内心承认自己是不一样的。例如威尔摧毁拜尔斯城堡时，痛苦地承认了这一点[33]。大家一起坐车时，刚被十一提分手的迈克只能和威尔一起坐在后备箱。威尔略带讽刺地对迈克说："欢迎来到我的世界。"这句话表明，他觉得自己因为没有伴侣而低人一等[34]。卢卡斯、麦克斯、十一、迈克都有了爱慕的异性，就连"达斯汀宝贝"也不例外。而威尔因为没有相好的异性无法跟上大家的步伐，觉得自己被落下了。他失去了"智者威尔"（Will The Wise）[1]的身份，感到很失落。

但愿个体能够获得社交支持并接纳自己，身心健康地进入"认同接受"（identity acceptance）阶段。在这一阶段，个体不但会与自身身处的社群增加联系，并能够在主流社群中感受到支持[35]。对这一阶段最好的诠释便是罗宾与史蒂夫说开的那一幕。罗宾告诉史蒂夫她喜欢同性后，两人很快便回到了嬉笑打闹的状态。史蒂夫只是简单地问了一句"但她是女生呀？"，就终于理解并接纳了罗宾，没有在这个问题上过多纠缠。对于许多人来说，"出柜"或许十分困难，"认同接受"就是大部分人能够达到的最健康的阶段。"出柜"是一个因人而异的复杂决定，需要考虑诸多因素，比如信任、时机、后果、身份正当性及安全性。威尔与哥哥建立起信任后，或许也将向哥哥倾诉真相[37]。

在身份认同的发展过程中，不是每一个非异性恋者都能达到"认同骄傲"（identity pride）阶段。这个阶段需要社会环境提供足够支持，使个体能够对自己的非异性恋身份感到自豪，甚至投身于权利运动中。与"认同骄傲"阶段有所不同，在"认同整合"（identity synthesis）阶段，"非异性恋"与"异性恋"之间不再存在明显界线，

I　威尔有时会穿着巫师长袍，称自己是"智者威尔"。

个体能够以更细腻的视角去看待自身在不同阶段及不同环境中的性取向及性别认同，且不会轻视任一者的重要性。罗宾一直在探索她的身份认同，并寻找能让小镇居民尊重其身份认同的办法。她也担心被暗恋对象拒绝，沦为小镇上的笑柄[38]。

每个人的发育速度各不相同。当朋友们纷纷开始约会时，威尔觉得自己被冷落了。或许在那个阶段，威尔只是还没有开始发育而已，因此性对于他来说尚无吸引力。也可能是因为，威尔需要应对入侵了自己身体的暗影怪物，反复遭受创伤，因此身体发育有所延缓。他出现了闪回症状，噩梦连连，且逃避与颠倒世界有关的一切事物。他的所有表现都符合创伤后应激障碍（post-traumatic stress disorder）[39]。在危机中苦苦挣扎的个体往往无法专心探求生活乐趣，而那些无须为生存烦恼的人才能不懈地追寻快乐[40]。威尔时常会受到怪物侵扰，这在他过去的成长岁月中未曾出现过。相较于十一而言，威尔会因此受到更大的创伤。在十一的成长过程中，黑暗势力，比如暗影怪物，虽然可怕，但"爸爸"[1]将它们都正常化了。无论如何，专业人士、父母及同伴能为青春期个体做的最好的事情，就是允许他们按照自己的步调去体验爱情与性爱。

《怪奇物语》的影迷猜测，威尔或许是无性恋者。无性恋是一种性取向。无论是否曾因某些原因而发生过性关系，无性恋者都极少或从未感受过性吸引或性欲望。无性恋者虽然对他人没有性兴趣，但也会产生其他形式的好感。比如威尔对迈克的感情起初是纯洁的友

I　指布伦纳博士。——译注

谊，后来添入了对浪漫关系的渴望[41]。心理学与健康科学研究显示，无性恋者的生理功能可以是正常且健康的。与现实中的男同性恋或无性恋者一样，威尔或许也会在同龄人群体中遭遇独特挑战。人们往往会在青春期开始经历令人兴奋的约会与性爱。当同伴分享个中感受时，从未有过相关体验、对此一无所知的青少年会感到备受冷落，甚至遭到嘲笑。他们会背负压力，觉得似乎应该假装享受与异性谈恋爱。这会导致部分青少年做出违背本心的行为，变得更加难受。向他人解释自己在恋爱与性方面的偏好及态度并不容易，需要个体拥有高自我价值感，以及具备描述恋爱与性的情感体验的基本知识。因此，许多个体从未考虑过"出柜"。与身边人有不同之处但却有幸被接纳时，个体才能更充分地表达自己。拥有了归属感，就能与他人发展出有意义的亲密关系。这样的关系是建立在相互信任、有共同爱好以及对关系的承诺之上的，与个体是否拥有性本能无关[42]。

不应沉迷于新恋情之中（虽然爱情刚萌芽时的粉红泡泡会让人情不自禁地沦陷其中，即产生深恋感[I,43]），霍金斯的青少年显然都明白这一点的重要性。迈克向十一撒了谎，违背了友谊关系中最核心的规矩，两人的幸福泡泡也就此破裂。麦克斯带着十一去逛商场，这才让十一的心情好了起来。十一感受到了朋友的支持，并得以用更宏观的视角去看待生活。她意识到在当前阶段，生活中除了和迈克的恋情以

I　深恋感 limerence，指对他人产生的不由自主的强烈欲望（无论是浪漫的或非浪漫的），渴望与对方维系关系，希望自己的情感有所回报。——译注

外，还有许多其他事物[44]。男孩们也是一样的，当与女孩们的恋爱关系岌岌可危，信任感崩塌时，男孩们聚在了一起，试图"解密"女孩，想要找到合适的方法来和对方探讨复杂话题，但却不得要领，因而十分沮丧。在这个过程中，男孩们的友谊也更加深厚了。要想顺利地度过转折期，无论是从幼儿期转向成年期，还是从朋友转向恋人，平衡能力都是必不可少的[45]。

默里·鲍曼或许是剧中对性爱的态度最为正面的角色了，他以直接得可爱的方式帮助其他角色——比如南茜与乔纳森[46]，以及乔伊斯与霍珀[47]——克服了不安全感及自我怀疑，让他们不再犹豫，向彼此表达了内心深处的想法。政府参与的实验出了差错，引发了与颠倒世界相关的一系列事故。霍金斯镇的居民总是不愿承认背后的复杂现实，也不愿直面自己爱情生活呼之欲出的真相。只有默里犹如真理之王一般，完美地展示了健康的沟通方式。如果没有他那近乎粗鲁的鼓励与对情况的直白剖析，不知道霍金斯镇的那些羞赧而迟疑不决的居民还需要多长时间，才能向心仪的另一半坦承心意，并有所行动。

齐心协力

最重要的是，霍金斯的居民无论是在抗争荷尔蒙，纠结恋爱难题，还是在抵御魔王时，他们都能找到方法来互相帮助，为彼此提供建议和发泄空间，让同伴不再感到孤单。虽然青春期的变化可能是极具挑战的，甚至令人生畏，但只要提前知道即将面临的状况，拥有他人的支持，那么一切都会变得不一样。但如果否认青春期与性发育的复杂真相，则易感受到羞耻、被孤立、被欺辱。而开诚布公地谈论这些问题有助于我们避免这些问题。通过对的渠道获取青春期及性发育的信息，接受相关教育，这和在"龙与地下城"中用 20 面骰掷出对的数字一样关键。此外，拥有队友也同样重要。身体发育、性别表达或性取向被视作偏离文化脚本的人群，尤其需要相关信息以及社会联结和支持。霍金斯镇的英雄们齐心协力地打败了另一个世界的怪物，也一同经历了初吻、单相思的磨炼，克服了对被拒绝的恐惧。在各自打怪的路上（无论是否与爱情有关），他们发展出了富有意义的关系，并能够沉下心来享受。

"如果我俩都疯了，那我们也是一起疯，对吗？"

——迈克对威尔说的话 [48]

"我觉得我们疯了，大家都疯了。但是如果我们不阻止他，谁还会去阻止他？我们必须要试一试，不是吗？"

——罗宾对史蒂夫说的话 [49]

哈普里特·马拉

博士，持有执照的临床心理学家，于南加州执业，主攻方向为 LGBTQ 人群[1]、双重文化背景人群及移民的身份认同发展。最近，她在工作中发现越来越多的伴侣尝试了非传统的婚姻关系。她是洛杉矶县心理协会多元化部负责人，致力于为边缘群体发声，尝试通过教育手段增进外界对他们的理解。

埃琳·柯里

博士，持有执照的心理学家，心理咨询师，致力于利用心理学的"超能力"做善事。白天，她在波特兰大学任教，告诉学生大脑是怎么运作的，为什么有时候会罢工，以及如何发展出个人及人际间的"超能力"。晚上，她会将内心的灵感自由挥洒，书写心理学因素是如何影响她喜爱的影视角色与剧情的。她曾为"流行文化心理学"系列丛书中的其他书籍撰稿，包括《〈权力的游戏〉心理学》《〈神秘博士〉心理学》《神奇女侠心理学》《邪恶力量心理学》以及《西部世界心理学》。

I 指同性恋者、双性恋者、跨性别者及脱离了主流文化所定义的性别规范的人群。——译注

性取向 vs 浪漫取向

性、爱，以及不同的亲密需求

特拉维斯·兰利

威尔·拜尔斯可以既是男同性恋，又是无性恋吗？虽然他因迈克对十一的浓烈情感而心碎，但答案是"可以"。在第五季之前，威尔对迈克的单相思并不含有性兴趣。虽然威尔的扮演者诺亚·施纳普（Noah Schnapp）曾证实："威尔是男同性恋，他确实爱着迈克。"[50] 但许多粉丝仍将威尔视作无性恋者。曾有粉丝写过这么一句话："同性浪漫取向的无性恋者威尔·拜尔斯只会越来越强大。"[51]

性取向（sexual orientation）指个体因某个性别或多个性别的性吸引力而被对方吸引，浪漫取向（romantic orientation）指个体希望与某个性别或多个性别发生一段充满爱意的浪漫关系[52]。比如一个泛性恋者（pansexual person）发生性行为时并不在意性伴侣的性别，但或许只希望与某一特定性别的人共度一生。这个泛性恋者可能是异性浪漫取向（喜欢异性，heteroromantic），也可能是同性浪漫取向（想与同性拥有一段爱情，homoromantic）。同样，一个人也可能会期望拥有一个亲密无间、满怀爱意，但不发生性关系的伴侣。

　　好莱坞往往难以体面地描绘无性恋者的故事。无论威尔是无性恋者还是灰色性向者，无论是具有性欲望但将其掩盖，还是只是性发育得较同龄人稍晚一些，他都不想孤单一人。他担心被孤立、被拒绝。个体会因他人的行为而怀疑自己，甚至觉得不再安全 [53]。如果关键盟友，比如哥哥乔纳森，能够接纳威尔，这或许有助于改善他的状态 [54]。

3

社交的好处
（与坏处）

埃里克·D. 韦塞尔曼

"若团队里有成员需要帮助，我们有义务提供帮助。"

——达斯汀·亨德森[1]

"爱与归属感似乎只是可有可无的奢侈品，但其实，我们的生物机制对人际联结有着原始渴望，因为这与我们最基本的生存需要息息相关。"

——社会神经科学家马修·D. 利伯曼（Matthew D. Lieberman）[2]

印第安纳州的霍金斯镇上确实发生了许多奇怪的事情，但是，最吸引人的事件其实发生在剧中人物的日常生活中，发生在他们跌宕起伏的人际关系中。无论是成长于印第安纳州的小镇（比如卢卡斯·辛克莱），还是来自沿海阳光灿烂的加利福尼亚州（比如"祖玛飞船"麦克斯·梅菲尔德），这个世界上的绝大部分人都有一个共同点：需要其他人。社会心理学家常常——有时近乎无礼地——以"社交动物"指代人类。不过，从心理学角度而言，"社交动物"意味着什么？

　　社会神经科学家及哲学家马修·利伯曼提出，人类的社会取向是一种适应方式：人类大脑在自然选择的过程中得到了发育，天生便渴望与他人建立稳定联结，组成群体。群体使得个体成员能够更好地生存，并最终发展出了我们今天享有的复合文化[3]。面对魔王与魔狗的致命袭击、夺心魔的阴谋诡计与维克纳的阴险操控，霍金斯镇的居民凭借社交关系幸存了下来。若是单打独斗，剧中没有哪一个主角能够一次又一次地逃脱这些怪物的魔掌。不过，剧中角色不仅从社交关系中获得了对抗怪物的实际支持，他们还从友谊与亲情中汲取了精神上的资源，从而能够应对复杂的日常生活，处理或平凡或奇异的事件。

归属群体的好处

　　在名为"生活"的这场"龙与地下城"风格的战役中，我们需要团队成员来帮助我们顺利地完成各项探险任务。社会心理学家罗伊·鲍迈斯特（Roy Baumeister）与马克·利里（Mark Leary）曾提出著名理论：人对归属于某个群体具有与生俱来的需求。这不仅是一种偏好或渴望，而且是必须被满足的根深蒂固的需求。只有归属需求被满足，个体才能身心健康[4]。定期的社会接触可以满足我们的归属需求，但这还不够。在成长过程中，十一在霍金斯国家实验室里经常接触布伦纳博士及其雇员。然而，他们之间的互动大多是负面的，十一无法从中获得情绪支持。她被视作实验对象，长期被物化，其作为人的固有价值未被珍视。十一时常会出现创伤后应激障碍的闪回症状，社会发育也有所延缓。基于上述情况，布伦纳博士及其雇员明显未能满足十一的归属需求。

　　质量重于数量，这是满足归属需求的关键。其实，一个人并不需要大量的社交关系，也能获得心理层面的满足感。只要拥有能提供社交支持、让自己能够应对生活挑战的少数几段稳定而亲密的关系即可[6]。多项研究证明，当个体在应对不同压力源时，尤其在面对涉及自身或至亲的创伤事件时，社交支持是其中的关键变量[7]。在《怪奇物语》中，无论危险来自颠倒世界还是日常生活，比如莎拉·霍珀患有晚期癌症，又或是来自政府，比如十一需要躲避政府特工的追捕，角色的身心健康都离不开社交支持。

　　社交支持可以以多种形式帮助个体缓解创伤带来的压力，乔伊斯·拜尔斯就是一个很好的例子。在儿子威尔失踪时及归来后，乔伊斯获得了来自部分人的社交支持，即旨在帮助有需要的人的言语或非言语行为[8]。社交支持行为可大致分为四类：工具型支持（instrumental support）、信息型支持（informational support）、评估型支持（appraisal support）及情感型支持（emotional support）[9]。工具型支持指为当事人提供实际帮助以解决问题，比如乔伊斯的老板为她预支了工资[10]。信息型支持指为当事人提供建议，帮助对方应对问题。比如霍珀局长与乔伊斯分享了他作为父亲时所经历的创伤，以及他是如何走出困局的[11]。评估型支持指帮助当事人对所处境遇进行评估，比如给予对方具有建设性的反馈，或是肯定对方的想法及应对措施。在剧中，鲍勃·纽比（Bob Newby）[I]便为乔伊斯提供了评估型支持。他让乔伊斯确信，因为威尔和朋友出去玩而感到焦虑，这种情绪是可以理解的。鲍勃肯定了乔伊斯的感受，而没有选择忽视[12]。情感型支持主要指与当事人共情，给予对方爱与慰藉。卡伦·惠勒（Karen Wheeler）[II]为乔伊斯提供了言语情感型支持。威尔失踪后，卡伦前来探望乔伊斯，并告诉乔伊斯有什么需要都可以找她。乔伊斯因鲍勃的死而伤心时，霍珀拥抱了乔伊斯，为她提供了非言语的情感型支持[13]。

缺乏社交支持的个体会难以应对创伤事件，霍珀就是一个例子。处理自己的悲痛情绪时，他往往倾向于独自消化，而不愿向他人寻求慰藉。剧中回溯霍珀患病的女儿莎拉的故事时，我们看到他独自一人在医院楼梯间哭泣，而没有与同样身在医院、同样痛苦万分的妻子在一起[14]。在前几集中，霍珀总是有意回避谈论莎拉的死，似乎希望自己能在情感上与该事件保持距离[15]。十一在他的小木屋里住了整整一年，他才终于向十一聊起了已逝的女儿[16]。朋友本尼（Benny）被政

I　剧中角色，与乔伊斯曾是恋人关系。——译注
II　剧中角色，南茜与迈克姐弟俩的妈妈。——译注

府特工杀害（伪造为本尼自杀身亡）后，他宁愿独自待在冷风中，也不愿听从约会对象桑德拉（Sandra）的劝导返回屋内[17]。身处消极环境中时，偶尔希望独处是有益于心理健康的。有的时候，相较于可能会尴尬的社交互动，独处也会是一个更合适的选择。但是，如果个体与他人过于疏离，则可能会无法获得人际关系所提供的社交支持与资源[18]。霍珀总是默默地承受痛苦，寻求独处似乎已成为他处理问题的常用方式。

多项研究指出，创伤事件与个体事后使用及滥用物质（尤其是镇静药和止疼药）有相关性。物质滥用特指反复过度地摄入物质，不遵医嘱或常规服用方法，存在对自身造成伤害的风险[19]。霍珀的行为就符合上述描述。在《怪奇物语》的早期几集中，啤酒罐在霍珀的房车里随处可见。在早晨他甚至会以啤酒送服药物[20]。随着剧情发展，他敞开了心扉，开始与乔伊斯及十一聊起莎拉的死。啤酒不再是他的主要食物，他甚至还尝试吃得更加健康[21]。研究表明，社交支持可有效减少物质滥用。霍珀与乔伊斯及十一迅速建立起了社交支持网络。我们可以合理推测，他从中得到了帮助，并因而顺利地走出了创伤经历[22]。

被群体排斥

遗憾的是，霍金斯镇上的人际关系并不全是正向的、能够提供帮助的。实际上，许多少年组主角在同龄人中并不受欢迎。他们与同龄人的社会地位差距以多种令人难堪的形式呈现了出来，比如迈克、卢卡斯和达斯汀在中学被霸凌者取了难听的绰号（如青蛙脸）[23]。心理学上有一个术语叫作"社交排斥"（social exclusion），这是一个大的分类，涵盖了一切会让个体在生理上或精神上感到与旁人脱离的社交互动行为[24]。多种社交排斥行为都会对个体的心理健康造成负面影响，使其感到受伤、生气、自我价值感降低、归属感削弱，甚至认为生活毫无意义[25]。神经科学研究发现，个体被排斥时，大脑负责疼痛的区域会被激活，而这些区域在躯体受伤时往往也是活跃的。换句话说，我们的大脑真的将社交排斥视作了一种疼痛[26]。研究表明，社交排斥对儿童及青少年的影响大于对成年人的影响[27]。因此，虽然霍金斯镇的成年人或许知道社区中有年轻成员被同龄人排挤，但他们很可能低估了事件的影响。和大人喜欢对孩子说的那句俗语正相反，孩子要注意的不仅仅是"棍子和石头"[1]。心碎了和骨头断了一样疼，甚至只会更疼。

社交排斥行为可分为两类：以拒绝为主的排斥和以放逐为主的排斥[28]。以拒绝为主的社交排斥行为指通过言语或非言语明确地表达对方没有社交价值，是多余的。这种排斥可以通过话语直接表达。例如中学里的霸凌者称达斯汀和其他男孩为"失败者"；卢卡斯把十一叫作"怪胎"；南茜·惠勒对史蒂夫·哈灵顿说他们之间的爱根本就是"瞎胡闹"[29]。还有研究发现，伤人的玩笑话及刻薄的大笑也会让个

I　英语俗语：棍子和石头可能会打断我的骨头，但话语从不会伤我一分一毫（Sticks and stones may break my bones, but words will never hurt me.）。强调虽然身体会受伤，但心灵永远不会受伤。——译注

体感到被排斥 [30]。万圣节时，全校只有威尔和他的朋友们穿了异装，受到了大家的嘲笑。后来，十一在加利福尼亚州上高中时，遭到了同学更具恶意的排挤、捉弄与嘲讽 [31]。

有的时候，个体会因为缺乏关注——而非受到恶意关注——而感到被排斥。比如威尔的爸爸会缺席他们计划好的外出活动，平时似乎也不太关注威尔。再比如，史蒂夫和南茜在南茜的储物柜前热烈接吻，他们在那一瞬间忘记了乔纳森·拜尔斯（喜欢南茜）就站在旁边 [32]。以放逐为主的社交排斥行为主要指忽略对方，假装对方根本不存在。遭受忽视具有独特的存在主义威胁性，这与那句老套的名言："坏名声好过没名声"，有着相通之处。实际上，部分资料显示，相较于直接的恶意关注，比如言语侮辱，彻底被忽略会令人更加受伤 [33]。

早期心理学家威廉·詹姆斯（William James）曾说过："让一个人在社会上自由来去，不予他丝毫关注，没有比这更残酷的惩罚了。" [34] 放逐行为的最极端的形式是令个体流亡他乡或处单独拘禁，比如十一就曾因为不听从布伦纳博士的指令而被关了起来。当她回忆起在霍金斯国家实验室中的经历时，这些痛苦的记忆就会再次涌现 [35]。放逐行为也可能会以微妙的形式呈现，比如十一初见麦克斯时就拒绝和她打招呼 [36]。

放逐行为不仅仅存在于面对面的互动之中，也发生在线上的沟通过程中，比如短信、私信、社交平台上的回复等。举个例子，当发出帖文却没有收到反馈或回复时，个体也会觉得受到了排斥 [37]。虽然在 20 世纪 80 年代的霍金斯小镇，此类科技尚未发明，但剧中人物拥有一个类似的工具——业余无线电。达斯汀尝试联系新交的女朋友苏茜却没有得到回应，在那一刻，他或许会觉得与女朋友的联结断裂了。后来，好朋友们还质疑苏茜是否真的存在，这让达斯汀进一步地产生了被放逐的感觉[38]。长期感到被放逐的个体会产生社会疏离感，认为自己无法融入任何群体[39]。这或许解释了为什么乔纳森与威尔两兄弟会自认作"怪胎"。因为他们被同龄人视作"社会弃儿"，就连他们的爸爸也会躲开他们[40]。

创造你的最优群体

拜尔斯兄弟的经历是非常好的案例：虽然在日常生活中经受了多种社交排斥，但他们仍找到了与他人建立联结的方法。最能体现这一点的是，乔纳森将威尔可能会喜欢的乐队介绍给他，比如碰撞乐队（The Clash）及快乐小分队乐队（Joy Division）。此外，他们一同对抗颠倒世界的怪物，并在这个过程中与彼此建立了联结[41]。研究粉丝行为的心理学家表示，人们能从与其他粉丝的互动中获得归属感。因为有的时候，个体会以称呼亲人的词语来描述其他粉丝[42]。通过共同爱好，比如动漫和"龙与地下城"，威尔与同龄人迈克、卢卡斯及达斯汀建立了联结。虽然在霍金斯中学，其他同龄人会贬低这四个男孩，或是毫不掩饰地躲开他们，但他们仍相互建立起了牢固的友谊。这段关系延伸到了游戏之外，融入了他们的日常生活。当他们为了拯救威尔而尝试接触异世界，即颠倒世界时，达斯汀也指出了这一点[43]。

归属需求十分重要，但这并不是个体的唯一社交需求。我们也会希望别人能看见我们身上的独特之处。社会心理学家玛丽莲·布鲁尔

（Marilynn Brewer）提出，人们会不懈地寻求一个平衡点，既能满足自己的归属需求，又能满足自己的"个体特征受到重视"的需求。人们追求达到"最优特性"（optimal distinctiveness）状态[44]。个体往往能通过进入较小范围的同辈群体或粉丝社群而得以拥有"最优小群体"[45]。在第一季结尾，一场"龙与地下城"的战役圆满收官，完美地展示了"最优小群体"的模样。"智者威尔"用火球击败了赛索妖蛇，卢卡斯砍下了妖蛇的七个脑袋，达斯汀把这些脑袋储藏了起来。而迈克是旁白，他讲述了整场战役。他们有着各自的角色，但同时也需要共同合作，才能完成任务[46]。虽然有的时候，他们会因意见不合而发生争吵，但最终，他们必须裁讨分歧，才能达成团队目标。这也是我们所有人都需要面对的挑战。尽管克服挑战需历经诸多困难，但收获绝对是值得的。

埃里克·D. 韦塞尔曼

博士，伊利诺伊州立大学心理学教授，曾发表社交归属及社交排斥的动态模式的研究论文。参与策划当地独立剧院——正常剧院（The Normal Theater）——的放映活动，并为剧院撰写博文——电影狂热文化（Film CULTure））。为本篇文章做准备时，他听了大量快乐小分队乐队的歌曲。"流行文化心理学"系列丛书的大部分书籍都收录有他的文章。此外，鲍勃·纽比是他心目中的超级英雄。

破 裂

—— 第 二 章 ——

4

男孩的派对

如何免受有毒男子气概的荼毒

亚历克斯·兰利

"行走于可开创万物的利他之光中，还是行走于可摧毁万物的自私阴影下，每个男人都必须作出抉择。"

——马丁·路德·金（Martin Luther King，Jr）[1]

"谈心？那是什么？"

——吉姆·霍珀局长[2]

迈克、卢卡斯、达斯汀、威尔、吉姆、史蒂夫、乔纳森、比利

（Billy）^I、埃迪（Eddie）^{II}、斯科特（Scott）^{III}、鲍勃……《怪奇物语》中的男性角色多得过分。不过，身为一个男孩或一个男人，究竟意味着什么？喜欢科学是不是典型的具有男子气概的行为？玩"龙与地下城"是否不够阳刚？这个社会能接受男人流露的情绪是否只有愤怒？女性与男性的差别是否真的如此之大，以至于两者处理情绪及逻辑的方式处于完全不同的层面上[3]？

　　性别领域的早期心理学观点不乏精神分析学家，比如西格蒙德·弗洛伊德（Sigmund Freud），缺乏科学严谨性的论断。他们的观点以男性为中心，将人类经验默认为男性经验，将女性经验认为是"残缺的""附加的"[4]。后来，金赛研究所（Kinsey Institute）^{IV-5}的研究并未支持弗洛伊德的男性中心主义观点。当代学者更是直截了当地批判了这一观点，强调性别是一个由社会定义的概念，不是一成不变的，应时常被重新审视[6]。性别角色（gender roles）指文化为社会中的男性成员及女性成员制定的、期待成员们遵循的行为模式。性别角色普遍地塑造了个体及文化，同时也被个体及文化普遍地塑造着[7]。当一个人被赋予了"男性"角色，他会受到哪些影响？对于《怪奇物语》中那么多的男性角色而言，这些概念又意味着什么？

I　剧中角色，全名为比利·哈格罗夫（Billy Hargrove），麦克斯的继兄。——译注

II　剧中角色，全名为埃迪·曼森（Eddie Munson），"龙与地下城"游戏俱乐部"地狱火"的组织者。——译注

III　剧中角色，全名为斯科特·克拉克（Scott Clarke），霍金斯初中的科学老师。——译注

IV　美国知名的性科学研究所。——译注

被荼毒的男人

心理学家德博拉·戴维（Deborah David）及罗伯特·布兰农（Robert Brannon）提出，"传统的男性意识形态"是一个多维观念，指传统上认为的男性应该如何感受及处事，包括四大原则[8]。

刻板性别角色规范认为，"真正的男人"应该：

- 因成就及地位而受到尊重。吉姆·霍珀便时常因自己是群体中身材最健硕、声音最洪亮的男人，而向他人索取尊重。

- 寻求风险与刺激。不仅像剧中的少年角色一样，去面对不得不面对的风险；也像比利·哈格罗夫那样，有意在生活中作出危险选择。

- 从不示弱。不像卢卡斯，团队一次又一次地陷入危险，而他也屡次表达了自己的疑虑和担忧。

- 从不展露"女性"特质。不像迈克，他有的时候会直白地与他人讨论自己的情绪，并能够与身边的人共情。

这四条原则打造出了一个病态混合物——有毒的男子气概（toxic masculinity），能够荼毒任何向它俯首称臣的男人[9]。这些传统的男性特质要么本身便是有害的，要么被提升到了有害的地步，本质上就是那些将"做个男子汉"（being a man）做得太过分的男人。

有毒的男子气概最有害的表现形式之一是"述情障碍"（alexithymia）[10]，即难以察觉及描述自身情绪[11]；或"规范男性述情障碍"（normative male alexithymia），即发生在遵循文化性别角色的男性身上的亚临床述情障碍[12]。上述问题源自有毒的男子气概对脆弱及女性特质的轻视。俗话说："男儿有泪不轻弹。"这句谚语简明扼要地反映了男性在处理认知及情感上的重大缺陷。《怪奇物语》中的男孩都曾有过难以理解及表达自身情绪的时刻。不过，这似乎是因为他们情商尚未发育成熟，而非述情障碍。毕竟，麦克斯和十一也有着类似难题。而在剧中的中年男性及青年男性身上，我们却能看到这种痛苦的状态。

吉姆·霍珀符合述情障碍的多个诊断标准。女儿的离世让他遭受了重创，阻碍了他处理情绪，表达感受。与前妻联系时，他及时挂断了电话，以免流露出过多情绪[13]。在和养女十一相处的多个场景中，他都难以找到合适的词语来将自己的感受告诉对方，只能以间接的方式和十一沟通，比如借助收音机，或是在乔伊斯的帮助下手写信件。他让最亲密的女性好友承担了释放他内心情绪的重担，因为他自己难以做到这一点[14]。霍珀也曾有过能明确察觉并清晰表达情绪的时刻，大多数都是与乔伊斯在一起的时候。但这些时刻实在太少，而且相隔时间过长。

在剧中，霍珀的述情障碍症状是有所变化的，而比利·哈格罗夫则从一开始就表现出了重度述情障碍，且未有任何改变。患有述情障碍的男性要么会"抑制情绪"，要么会"干脆把'不被接受'的情绪分离出去"。霍珀抑制内心情绪时，我们能看到他其实是可以感知情绪的，只是没有表达出来。而比利则是彻头彻尾地抑制或分离了情绪。除了暴怒和烦躁，以及偶尔展露的缺乏快感（anhedonic）[15] 的性欲望，我们很少能看到他表达出其他情绪。比利曾遭爸爸虐待，又被妈妈抛弃，这些创伤经历使得他的情感世界一片空白，不知如何表达。无论是在和史蒂夫、继妹麦克斯、卢卡斯还是陌生人互动时，他的内心情绪似乎都只有两种模式：风平浪静或是暴跳如雷。

比利毫无波澜地表达出的强烈性欲与有毒的男子气概的另一常见特征相符——性欲亢进（hypersexuality），即非正常的性欲过旺[16]。在比利身上，性欲亢进表现为夸张地痴迷于证明自己的异性恋取向：要想成为一个"男人"，就得滥交，还要避免一切"女性化"的东西，包括服饰、爱好，以及前文所说的情绪表达等。比利经常和女生打情骂俏，剧中多次提到他在异性面前无往不利，然而他并不是那么地享受其中。这掩盖了他性欲亢进之下的更深层次的问题。

我们能在剧中看到，比利最感兴趣的人莫过于史蒂夫了。无论是在派对上畅饮，在篮球场上打球，在健身房淋浴间内洗澡，还是扭打作一团，比利都曾多次将注意力放在史蒂夫身上，比对别人的关注要多得多。和史蒂夫在一起时，比利最能展露出强烈的情感。此外，比利只向史蒂夫一人表达过非掠夺性的善意，这或许会让你感到惊讶。例如他曾建议史蒂夫在球场上要站得更稳，还有其他几个过于短暂的瞬间。比利关注史蒂夫，同时也会兴趣缺乏地对异性表达强烈性欲。这两种行为或许可以理解为，比利在试图逃避自己被史蒂夫，或者说被男性吸引的感觉。他通过抑制情绪、分离情绪以及反向形成（reaction formation）[I]，来将这些感受推出意识之外，不愿承认它们[17]。比利没能达到爸爸设下的男子气概标准，也没有彻底地屈从于他的专制管控，因而受到了身体上与精神上的虐待。可以想象，比利会因此抑制对同性的性欲望，这是他劫后余生的一种反应。这或许能解释比利的部分行为，可是他还没来得及表现出更多行为以证实或反驳上述猜测时就死去了[18]。有的影迷在比利身上看到了他喜欢同性的一面，甚至会认真考虑比利和史蒂夫发展为恋爱关系的可能性[19]，然而这一切都只能是影迷的"脑补"。还有更多针对比利行为的诠释，比如他的所作所为中可能包含了本能的支配行为；或是他将厌恶自己或憎恨父亲的情绪转化为了"四处寻找攻击目标"的侵略性行为；又或他是想通过摧毁他人来过度地弥补被父亲摧毁的自我价值感。若比利属于最后一种情况，那么被他伤害得最深的人将是史蒂夫。

史蒂夫，人称"史蒂夫大王"（King Steve）或"头发哥"（The Hair）。新转学来的比利具有挑衅意味极强的磁场，而在海员冰激凌店兼职时穿的工服又让史蒂夫魅力大减。这两件事情都对史蒂夫的自尊心和男子气概构成了挑战。于是，他变成了孩子们的知心大哥哥，非常有保护欲，尤其对达斯汀。达斯汀与在夏令营遇见的苏茜感情迅速升温，这是史蒂夫对他的卷发徒弟[II]感到心烦的少数时刻之一，因为这让史蒂夫想起了他在那个夏天与异性相处得并不顺利。曾经，史蒂夫的自信（及头发）让他能够轻而易举地获得女性欢心，而女性的青睐又让他更有

I　把内心中不能被接受的欲念转换为相反的行为。——译注

II　指达斯汀。——译注

自信。后来，当他似乎不再将"自信"与"约会成功"相挂钩后，才终于重获了自信，也得以重返情场。史蒂夫与罗宾谈论起罗宾对薇琪（Vickie）[1]的好感时，他既承认了自己的状态"焕然一新"应归功于罗宾的建议，同时又以超然的智慧及罕见的洞察力给予了罗宾建议。史蒂夫能做到这一点，部分原因是他不再以自我为中心[21]。

霍金斯初中的特洛伊和丹蒂（Dante）时常霸凌他人，展现了有毒的男子气概中反女权主义的态度。他们因迈克、卢卡斯和达斯汀喜欢科学而嘲笑他们，觉得他们不够阳刚。威尔体型瘦弱，生性敏感，在霸凌者眼中最具女性气质。在学校举办的威尔悼念会上，特洛伊和丹蒂因旁人流露了悲伤情绪而肆无忌惮地嘲讽他们[22]。

威尔和乔纳森的生父朗尼（Lonnie）性格怪异，自私自利，不允许儿子表现出任何有失"刻板印象中的男子气概"的行为。乔纳森回忆起10岁的时候，曾被朗尼逼着去打猎，还杀了一只兔子。他因此而哭了一个星期。朗尼不理解两个儿子的内心世界，也不理解他们的想法及欲望，他只关心自己是否表现出了极度的男子气概。对于朗尼和霸凌者而言，一个男人最糟糕的状态就是表现出女性特质。

具有有毒男子气概的男性不把女孩、女人视作朋友、伴侣或平等的人。在他们眼中，女性是可以被支配、被控制、被物化及被非人化的存在，甚至是物品[23]。霍珀有时也会在生活中对女性做出控制行为。他在森林中找到迷路的十一后，把她带回了自己的小屋。他直截了当地告诉十一，这里以后就是她的新家了，而没有询问对方的意

I 剧中角色，霍金斯中学学生，罗宾同学。

见 [24]。虽然我们可以推断，一个迷失在森林中疲于逃命的孩子肯定会想要一个温暖的家，但这一幕也表明了，霍珀并未征询十一的想法。他制定了严格的规矩，不让十一到处走动，甚至连门也不能出。他还声明这么做都是为了十一的安全着想。霍珀十分多疑，这和他的述情障碍类似，都是女儿离世导致的心理创伤的外在体现，是可以理解的。然而，霍珀的行为最终使十一产生了叛逆情绪。相较于让十一出门去周围散散步，完全禁止她离家反而导致她离危险更近了 [25]。

十一和迈克成为男女朋友后，霍珀的控制欲愈发强烈。他经常会在十一的房门外大喊大叫，给她下命令 [26]。霍珀事后才发现，十一是有自主权的。然而在当下，他认为十一是自己的女儿，其命运应由自己决定。霍珀对乔伊斯的占有欲也越来越强，忽视了对方的观点和感受。而在威尔失踪的时候，霍珀完全不是这样的。那时的他善解人意，也非常能与乔伊斯共情。虽然霍珀声称只想和乔伊斯做朋友，且衷心地感谢她的陪伴，但实际上，他并不知道如何和女性做朋友。有一次，乔伊斯未能赶赴和霍珀的晚餐之约，霍珀暴跳如雷，仿佛他们本要进行的是一场正式约会，而乔伊斯放了他鸽子。霍珀事后的反应表明了，他其实一直期待能通过这次晚餐与乔伊斯有进一步的发展 [27]。此外，霍珀还有酗酒、抽烟及滥用处方药物的行为，这也是具有有毒男子气概的男性的常见特征。当他们无法达到本就遥不可及的标准，认为自己一败涂地时，便会通过以上途径来自我抚慰 [28]。

霍珀因未能如愿与乔伊斯约会而喝得酩酊大醉，在十一的房门外怒气冲冲地给她下指令 [29]。这一幕似乎是为了营造轻松气氛，但只要透过表面深入审视就会发现，这个场景与许多家庭暴力场景十分相似，令人不寒而栗。虽然我们作为观众，相信霍珀本质上是一个好人，但如果以真实世界的心理学来审视他的诸多行为，情况或许将有所不同。霍珀情绪波动大，会借内疚情绪来情感绑架他人；他以权威型的育儿方式与十一相处，却又不能一以贯之；此外，他还滥用物质。这些特质都是会引爆危险的导火索，对家中的孩子造成伤害。

少量的友好竞争犹如一场考验，能让原本平平无奇的路人甲拥有更为亮眼的表现，激发出人们最好的一面[30]。然而具有有毒男子气概的男性，他们对竞争及支配的欲望已高涨至不再健康的水平。我们在剧中看到，比利和霍珀都曾多次出现过以支配为主要目的的行为。比利初来乍到时，便执着于证明自己比校园风云人物史蒂夫·哈灵顿更优秀[31]。霍珀的支配行为表现为：遇到分歧时，他倾向于通过肢体恐吓、暴力言行或是陡然提高声量来让他人听从自己的决定。这种不惜一切争抢第一及掌控局势的强烈欲望会让个体陷入极度的孤独及抑郁。不仅竞赛中失败的一方会如此，胜利一方也会如此[32]。如果你在每一场球赛中都表现得像个混蛋一样，用不了多久，就不会有人邀请你一起打球了。

比利与霍珀表现出了具有支配性的独狼行为，而迈克、达斯汀、卢卡斯和威尔的处事方式往往与他们相反，令人神清气爽。无论在对付魔王、探索内心情感，还是在八卦女孩时，男孩们都会一起讨论，合作解决问题。他们为"吵架后如何和好"制定了规矩，犯错后会相互道歉。卢卡斯和达斯汀这对好朋友都喜欢上了麦克斯，便各自尝试去与她建立联结，从来没有故意陷害对方，破坏对方形象，或是阻挠对方追求麦克斯。男孩们齐心协力，凝聚成了一股强大力量，这是他们单打独斗时无法达到的效果。

正向的力量

愿意齐心协力，渴望团结一心，这正是有毒的男子气概的反向示例，即正向的男子气概[33]。从广义上来说，正向的男子气概指：男人及男孩能够团结一致地为社群做贡献，关怀并照料他人。具有正向男子气概的男性，他们的自尊心不与男性特质相绑定，不会逃避传统意义上的女性特质，也不会推脱保护他人的机会。正向的男子气概强调表达情绪，承认并理解他人的感受，认同了解自我的重要性，以及愿意承认并反思自己的错误[34]。

威尔是一个善解人意、心思细腻的男孩，甚至当他在医院从昏迷中苏醒时，还会关心哥哥受伤的手是否有大碍。虽然威尔往往被认作团队中较为敏感细腻的成员，但迈克和卢卡斯也曾有过细心体谅他人的行为，值得称赞。当男孩们在寒冷的雨天初遇十一时，迈克是第一个理解了十一需求的人，并从她为数不多的话语中推测出了她的意思。迈克也是第一个注意到威尔的创伤症状（以及被夺心魔附体）有所恶化的人。他和威尔坐下来进行了一场坦诚的对话，聊到了威尔的创伤，以及自己因十一失踪而产生的哀痛情绪[35]。卢卡斯不仅擅长梳理自己的情绪，也能够察觉他人的感受。十一误导团队，将他们带入密林。卢卡斯是第一个发现十一举止中透露着内疚情绪的人。他因为十一撒谎而和她及迈克吵了一架。但最终，他理清了自己的思绪，做出了成熟的举动，首先道了歉。比利去世后，卢卡斯察觉到麦克斯情绪低落，独来独往，饱受折磨。他屡次向麦克斯伸出援手，尝试阻止她"消失不见"（并因觉得自己做得还不够好而责怪自己）[36]。

霍珀也曾罕见地展现过同理心，尤其是在威尔失踪并被认为已经死亡的时候，他曾能与乔伊斯共情。霍珀与乔伊斯说话时，总是心平气和，态度恭敬，非常支持对方。意识到情况的严重性后，他再也没有忽视过乔伊斯的主张。当乔伊斯还未处理好自己的思绪时，他便能凭直觉知道她的感受。乔伊斯能听见威尔在颠倒世界中与她说话，而警方却打捞出了一具假的威尔尸体。这个时候，霍珀向乔伊斯表达了慰问，并讲述起女儿过世后，他依然能听见她的声音。霍珀和乔伊斯进入颠倒世界拯救失踪的威尔时，他感受到了乔伊斯即将惊恐发作，于是帮助对方处理了这种情绪，没有让她受到影响[37]。在第二季与乔伊斯聊起威尔的创伤经历时，霍珀提到了创伤后应激障碍，以表支持。在20世纪80年代，对于一个遵循男性性别规范的小镇警察来说，仅仅是提到这个病症，就已经极具启示意义了[38]。虽然霍珀在与迈克的相处过程中时常恐吓迈克，但他也展现出了同理心。当迈克发现，霍珀竟然庇护了十一整整一年而没有告诉他时，他大发雷霆，对霍珀又打又骂。而霍珀默默地忍受着迈克的打骂，并颇为宽容地将迈克拥入怀中，告诉他"没事了"。霍珀还特意提醒迈克，不要生十一的气，因为躲藏起来并不是十一的主意。后来，霍珀从俄罗斯回到家乡，和迈克热情地拥抱在了一起。这一幕也暗示了两个男性都有所成长[39]。

虽然霍珀倾向于抑制情绪直到爆发，但他有的时候也极具同理心与耐心，并愿意接受指责[40]。能够承认错误并承担责任，这是正向男子气概的另一个特征，也是一个好的行为。迈克、卢卡斯和史蒂夫都能很好地做到这一点。迈克和卢卡斯懂得表达懊悔情绪，他们往往是先向朋友（及女朋友）提出和解的那个人。十一将男孩们误导至能源部的相反方向，男孩们因此而吵了起来。后来，卢卡斯在森林中走了长长的一段路，梳理了自己的问题，并主动向迈克和十一道了歉[41]。

史蒂夫出了名地爱犯错误，但他能坚持不懈地发现和承认自己的缺点并尝试改进。他曾和南茜发生过无数次争吵，也曾和乔纳森·拜尔斯打作一团，还经常犯下其他错误。但他总能一次又一次地意识到自己的错误，并努力改正。史蒂夫也不否认别人对他的帮助。比如他曾表示，听取了罗宾的建议后，他的爱情生活终于又复苏了[42]。具有有毒男子气概的男性往往会避免感谢他人，仿佛需要帮助的男人是软弱的，或是具有女性气质的。而具有正向男子气概的男性不一样，他们会以健康的心态认可他人、感谢他人、欣赏他人[43]。

此外，正向的男子气概强调男性应在社群中充当守护者及指引者的角色。霍珀或许不太经常给予他人指引，但他毫无疑问是社群的守护者，尤其对于《怪奇物语》中的少年角色来说。为了消除危机，他常常冲入危险境地。他这么做不是为了追求工作上的嘉奖或荣誉，甚至也不是为了追求冒险带来的刺激感，而仅仅是为了让身边的人能够安全。这与要求男性寻求刺激的"传统的男性意识形态"截然相反。

相较于霍珀，史蒂夫的守护者角色更为饱满，因为他同时也是一个极具价值的指引者。虽然他希望自己看起来"酷酷的"，但他也乐意为孩子们提供建议与指导，尤其在他自认为最擅长的领域：发型与女生[44]。虽然他时常笨手笨脚，还经常遭到毒打，但面对危险时，他总是愿意主动地冲在前面，为他人撑起保护伞。对抗魔王及魔狗时，身处夺心魔的隧道及星庭商场的秘密实验室中时，潜入克里尔的神秘大宅及情人湖中的水门时，史蒂夫总是第一个冲进去，最后一个才出来[45]。他用身体保护了孩子们和同龄人，告诉他们待在自己身后，并确保他们能够先于自己离开危险，即使这意味着他可能再也出不去了。史蒂夫或许是个笨蛋，但总归是一个勇敢的笨蛋。他总是挨打，因为他永远是第一个冲上去承受攻击的人，这样其他人就不会受到伤害了。

史蒂夫其实是一个很不错的朋友。在一些情况下，其他人或许会因为自尊心受到伤害而从关系中退缩，但史蒂夫不会。史蒂夫与南茜分手后仍喜欢着她。看见南茜与乔纳森开始交往，他也能为南茜着想而放下自己的自尊心。有一次，史蒂夫和罗宾因为被注射了药剂而不断呕吐，两人抱着马桶谈心。令人惊讶的是，他竟然再一次把自尊心排在了次要位置[46]。史蒂夫以他惯用的20世纪80年代酷拽语气承认，他对罗宾有感觉。而罗宾则以传统的非20世纪80年代语气告诉史蒂夫，她是同性恋，并由衷地坦述了她对他们都认识的一个同学的好感。史蒂夫花了一点时间来消化这个信息，随即便开始打趣罗宾看女生的眼光，两人一起开心地笑了起来。史蒂夫这么做让罗宾确信，她的性取向对他们的关系及友谊不会造成任何影响。在每一个关键时刻，史蒂夫都将他人放在了自己前面。

对于"龙与地下城"游戏社团——地狱火俱乐部——的成员而言，埃迪·曼森（Eddie Munson）也扮演了指引者的角色。埃迪是一个延毕了两次的"大龄"高中生。迈克、达斯汀和卢卡斯升入高中时，他欣然接受了他们加入俱乐部。当再一次有望毕业时，埃迪告诉男孩们，培养俱乐部的接班人非常重要，要欢迎更多不合群的人加入这个安全有爱的避风港。埃迪和史蒂夫都渴望给予达斯汀及其他男孩指导，他们甚至因此建立了友好关系，而没有为了争抢这一角色而心生嫌隙或相互竞争[47]。埃迪指引他人的想法是如此强烈，甚至在身受重伤、濒临死亡时，还不忘让达斯汀"照顾好那帮小羊羔"，代替他成为霍金斯高中不合群群体的指引者[48]。

在《怪奇物语》中，始终如一地展现了正向男子气概的男性角色是科学老师斯科特·克拉克和"英雄"鲍勃·纽比[49]。克拉克老师愿意随时为大家解释学术概念，无论对方是学生还是家长。即便他是专业人士，也仍能以平等的姿态与大家交流。当乔伊斯向他求助，为什么梅尔瓦德商店里的磁铁没有了磁力时[50]，克拉克老师既没有色眯眯地回应，也不带丝毫傲慢，而这两点都是有毒男子气概的常见特质[51]。克拉克老师只是醉心于科学，无论是谁有兴趣提出问题，他都愿意去分享有价值的信息。他也会为有需要的人提供慰藉，比如当男孩们为威尔感到伤心（至少在他的视角中如此），需要通过业余无线电和跨维度理论来转移注意力的时候；再比如，和约会对象看约翰·卡朋特（John Carpenter）执导的恐怖电影《怪形》（The Thing）时，为了让对方不那么害怕，他解释起了特效背后的科学原理[52]。

鲍勃·纽比的行为处事充分体现了正向的男子气概。虽然童年充满磨难，但他依然保有积极向上的人生观。他乐观善良，富有情调，不吝于公开流露对乔伊斯的喜欢，并会主动表达自己的情感。他一直赶不上时髦，但热情开朗，态度积极。即便有时会让旁人尴尬得翻白眼，但至少不会给人留下太差的印象。当威尔饱受创伤后应激障碍的折磨，还要与夺心魔对抗时，鲍勃为他提供了建议[53]。鲍勃无惧危险，在实验室大楼中勇敢充当魔狗的诱饵，好让乔伊斯和男孩们能够安全。他关心他人且不羞于让他人知道。虽然知道自己生还的可能性不大，但他仍义无反顾地保护他人。鲍勃的这种冒险行为既不是为了寻求刺激，又不是为了贴合社会性别角色，而仅仅是为了帮助他人。

迎接具有正向男子气概的角色

20 世纪 80 年代，社会各处都充斥着对性别角色的传统印象，严苛地提醒着人们要遵循性别规范。尤其在当时的流行文化中，肌肉男的形象铺天盖地，要么是没有感情的杀人机器，要么是烟不离嘴、爱去派对的下半身动物。幸运的是，在克拉克老师、鲍勃、史蒂夫、埃迪等男性角色的指引下，《怪奇物语》中的少年男英雄们似乎将能成长为较父辈更健康、更善于沟通的男性[54]。虽然他们中的每一个人或许都曾被性别刻板印象束缚，但他们不像父辈那样对传统性别角色俯首称臣。他们愿意学习成长，也能够将女性视作同伴及平等的人，而不是"残缺的"或"附加的"。这几个男孩富有协作精神，愿意表达情绪，热爱科学和阅读。他们最喜欢的活动是需要想象力、团队协作及持续沟通的。随着身心渐渐成熟，他们还学会了与女性朋友，甚至妹妹分享这一活动[55]。

亚历克斯·兰利

理学硕士，《蜘蛛侠心理学》一书的主编之一。独立撰写的作品包括"极客手册"系列丛书（The Geek Handbook）、漫画小说《杀死大一新生》（*Kill The Freshman*），以及"流行文化心理学"系列丛书的部分章节。与卡特里娜·希尔（Katrina Hill）共同创作了《100部最伟大的漫画小说》（*100 Greatest Graphic Novels*）。他是心理学教师、漫展专题研讨会嘉宾、油管（YouTube）的漫展大杂烩（Comic Con-Fusion）频道的内容贡献者。

"向善的掠夺者"？

有毒的男性或许并不具有有毒的男子气概

特拉维斯·兰利

　　假定个体的有毒特质与其性别、种族或其他分类变量相关，这有可能是错误的。这种假设是带有刻板印象的，认为只要是拥有共同点的个体就会做出相似行为。这种错误或许源自代表性启发法（representativeness heuristic）。启发法（heuristic）指人们作判断及决策时往往会采取的思维捷径。他们会推断，一个个体能够代表与其同属一个群体的所有其他个体。观众能从霍珀的行为中发现，他难以管理自己的愤怒情绪，确实具有由男性性别角色引起的问题。然而，其他男性角色所呈现出的攻击性或支配性倾向或许是出于其他原因。以科学家马丁·布伦纳（Martin Brenner）为例，他十分务实，看不起所有人。只要能达成自己的目标，他能面不改色地牺牲每一个人，实在不可思议。

　　被达斯汀称作维克那的恶魔，其行动机是"做一个向善的掠夺者"，令人难以理解。相较于布伦纳博士，维克那的人性观更为极端。他坚定地认为世界已破败不堪，他应该按照自己的想法去重塑世界。他会感知人们的弱点并痛下杀手，尤其是那些对于他人的死亡充满了愧疚的人们。缺乏内疚能力[57]或鄙视自身内疚情绪的个体会倾向于蔑视他人的内疚感。部分精神病患者（甚至包括一些精神正常的人）会将内疚感视作弱点。维克那看不惯人类世界的喧嚣无序、琐碎杂乱，也看不惯人们的内疚感。他的这种行为或许与性别无关：他鄙视所有人，杀戮所有人。但真的是这样吗？

小的时候，他杀害了自己的家人；在霍金斯实验室中，他将目之所及的所有人都屠杀得一干二净。可是每一次，他都给占据支配地位的父亲角色留了一条活路。第一次是年幼的亨利·克里尔（Henry Creel）[1]的生父维克多（Victor），第二次是他的"爸爸"马丁·布伦纳博士。在霍金斯实验室，维克那本没有打算杀害十一。但十一批判了他的所作所为，她的反应并未满足维克那对权力的幻想。虽然维克那表示，自己是故意留了父亲一条性命，好将母亲和妹妹的死嫁祸于他，但当他发现拯救了父亲的音乐同样帮助了麦克斯逃出生天时，却恼怒不已[58]。维克多听到音乐后，亨利陷入了昏迷；而麦克斯也因为音乐而得以幸存。这或许意味着，维克多之所以能保住性命，是音乐的作用而非亨利的选择。或是因为自我意识过剩，或是因为发育进程停滞（缺乏正常的社会发育），维克那才会认为这都是"我有意选择的结果"。虽然他杀害母亲时，确实选择了嫁祸于父亲，但母亲却是

I   亨利·克里尔就是维克那。亨利年幼时敏感多疑，具有超能力，他杀害了母亲和妹妹。后来，他被布伦纳博士收养进行秘密实验，是实验室中的第一个孩子，别称"一"。再后来，他被十一打入颠倒世界，渐渐演化为了大魔王，即"维克那"。——译注

看到了他内心的恶的人。以上论述或许有些晦涩，但我想指出的是，虽然我们不能排除维克那的性别歧视倾向，但我们也无法证实性别歧视是导致他的有毒行为的核心原因，所以不应仅依据其性别来进行推断。维克那的猎物没有明显特征。他的行为具有自恋、马基雅维利主义、精神变态、施虐的特点（这四种特质的极端表现形式组合在一起，便构成了危险人格的黑暗四分体 [dark tetrad]）[59]。

话说回来，拯救了麦克斯的那首歌，或者更确切地说是让麦克斯有机会拯救自己的那首歌，恰好是关于性别问题的。这首歌祈愿女性与男性能够互换生活，更好地理解彼此[60]。

5

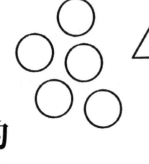

80年代白日梦，抑或抚慰人心的噩梦？

审视《怪奇物语》对霍金斯镇黑人族群的呈现

瓦妮莎·欣茨

"在这个国家身为一名黑人、一名有着较为清醒认知的黑人，意味着几乎时时刻刻都处于愤怒之中，甚至在欣赏艺术作品时也会有此感受。愤怒的原因不仅仅在于自身遭受的，也在于面临令人发指的、如犯罪一般的冷漠（那是这个国家绝大部分白人的冷漠及无知）时，身边无时无刻不在发生的一切。"

——作家詹姆斯·鲍德温（James Baldwin）[1]

"在这个世界上，有一些人你不要靠近。那个小孩（卢卡斯），麦克斯，那个小孩就是你要远离的人。别和他一起玩了。听到了吗？远离他。"

——比利·哈格罗夫对麦克斯·梅菲尔德说的话 [2]

美国奈飞公司（Netflix）将那些在新剧上线 24 小时内便把全季看完的人称作"追剧飙客"（binge racers）[3]。除了创造新的词汇外，奈飞与其他流媒体平台也革新了小银幕上的追剧体验。等待整整一个星期才能看下一集？不少人宁愿去做个根管治疗，或是其他没那么有意思的活动，也不愿在这个上面浪费时间。然而，虽然奈飞打造了现代化的追剧体验，但该平台部分最受欢迎内容的主创团队仍无法抛开最传统的影视修辞手法。

《怪奇物语》是奈飞观看量最高的剧集 [4]。20 世纪 80 年代，在虚构的美国中西部印第安纳州的霍金斯小镇，一群（还算）多元化的青少年踏上了科幻冒险之旅。这部电视剧为美国恐怖类型剧集打了一剂十分必要的强心针，让恐怖片爱好者大饱眼福。《怪奇物语》涵盖了一切传统恐怖元素，包括令人毛骨悚然的生物、可怖的场景、充满悬念的剧情、诡异的音乐（比如开场曲），以及对异常事物的畏惧情绪 [5]。然而，对于许多有色人种影迷而言，尤其是美国黑人，剧中最令人胆寒的元素大概是对少数几个黑人角色的抹杀及不当呈现。这种对影视作品中多元化角色的"色盲"（colorblind）[I]呈现方式并不是该剧主创达菲兄弟所独有的，且在某种程度上也符合美国社会的传统惯例。美国始终自称为世界领先的民主国家——一个重视所有人的自由及正义的国家。然而在种族平等方面，美国的表现一直令人失望，世界上的其他国家也已注意到了这一点[6]。同样地，《怪奇物语》所呈现的 80 年代印第安纳州小镇黑人公民的生活境况与真实历史有所出入。主创团队的这种做法不仅没能达到目的，反而还在无形中对粉丝造成了伤害。

怀旧的 20 世纪 80 年代：
一个尺寸无法适合所有人

　　《怪奇物语》最吸引人的元素之一是重现了大家熟悉的 80 年代流行文化，十分抚慰人心。比如"天线裹着锡纸仿佛兔耳朵的臃肿电视机，随意铺陈着橙色地毯的昏暗娱乐室，行驶起来犹如翻滚的麦片盒的笨重小轿车，以及傻傻的很有喜感的棕色灯芯绒裤子"[7]，我们很难不沉浸在这霓虹灯闪烁的梦境之中。怀旧是可以用于逃离"当下的恐怖"的工具[8]。但是，如果"当下的恐怖"正是"由不公及歧视维系了数百年的恐惧"的最新呈现，那又该怎么办呢？这部电视剧对

I　　指不强调种族，忽视种族差别。——译注

80 年代的美国进行了艺术重塑，这样的作品或许会对黑人造成痛苦及代替性创伤（vicarious trauma）。

达菲兄弟创造了一个宛如"怀旧白日梦"的 80 年代早期美国中西部小镇，然而现实却与此不同。美国那十几年的政策死板僵化，尤其对有色人种造成了巨大伤害[9]。罗纳德·里根（Ronald Reagan）不仅孕育了"逆向歧视"（reverse discrimination）、"反白人种族歧视"（anti-White racism）等概念，还不断质疑平权行动，并"从根本上重新组建了联邦法院及政府的民权执行机构"[10]。尽管 80 年代的政府及政经界力量均抱有种族主义[11]，但那时的许多美国人都相信种族歧视已被彻底铲除，平等与正义获得了胜利[12]。70 年代和 80 年代，"新黑人中产阶级"崛起，不少黑人家庭搬到了郊区居住[13]。这或许能够解释，为什么那个年代的美国人会有如此想法。

卢卡斯·辛克莱是《怪奇物语》中少数有色角色之一。在第二季以前，他的家人一直没有在真正意义上（有对话及互动）出现过。他们初登场的一幕是：卢卡斯吃早餐时向爸爸征询意见[14]。有人或许认为，相较于整体剧集而言，这一幕似乎没有什么意思。但对于美国黑人来说，这一幕代表了"许多黑人家庭中的日常场景"，庆贺了"超越主流负面叙述及刻板印象的寻常生活"[15]。

2016 年，《周六夜现场》（Saturday Night Live）的一段素描喜剧对辛克莱一家作了另一种诠释。凯南·汤普森（Kenan Thompson）及莱斯莉·琼斯（Leslie Jones）扮演的辛克莱夫妇苦口婆心地告诉卢卡斯，这个世界存在许多固有危险。他们说："和我们长得一样的人，本来就生活在颠倒世界里。这么说吧，卢卡斯，你不用去寻找可怕的东西，它们自然会找上你的。"[16] 随后，霍珀局长登场，汤普森和琼斯立刻将双手举起，称局长为"怪物"。尽管这段素描喜剧带有讽刺意味，但也揭露了《怪奇物语》中弥漫的白人意识形态。部分影迷会被该剧的怀旧魅力蒙蔽，轻易便"忽视了卢卡斯作为霍金斯镇少数美国黑人儿童而所处的边缘位置"[17]。

往好了说，从本质上而言，美国近年来的种族问题在影视作品中的呈现是模棱两可的、令人痛心。《怪奇物语》的主创团队没有正面解决这些当年社会中盛行的问题，而是描绘了一个理想化的、安逸的、80 年代的美国。这部电视剧及其他讲述美国生活的虚构作品本有机会"以批判的眼光看待历史"，这样我们才能了解过去的罪恶对眼前的生活有何影响[18]。颠倒世界中的神秘生物、十一的超能力以及许多独属于霍金斯镇的幻想元素都促使影迷去"质疑现实的本质，不要想当然地认为存在一个超出我们感知的世界"[19]。种族不平等是美国十分普遍的现实问题，而主流种族中的许多人认为，我们如今已生活在后种族社会。有鉴于此，霍金斯镇的故事让人们能够进一步理解现存的社会阶级制度，思考不同于自身的观点及现实。

美国黑人的"颠倒世界"：可怕的东西会找上门

种族、民族及性取向都是极度私人的话题[20]。对于享受特权的人群而言，讨论这些话题往往是一种挑战。关于这些方面的讨论常常无法得到重视，因为总有人会声称这些问题已经过时了[21]。与许多80年代的人们一样，如今的美国人依旧认为现代社会是"后种族社会"，理由是：进入高等学府的有色学生人数增加，黑人当选总统并获得连任，以及身居高位的有色人种掌握了大量财富。这些现象似乎表明，种族不平等已成为历史。然而，虽然部分有色个体取得了成功，但实际上，美国社会中的种族歧视依旧根深蒂固，并造成了"无数法律、文化及心理方面的影响"[22]。

后种族社会从来没有真正存在过[23]。和《怪奇物语》及其打造的"80年代怀旧白日梦"一样，后种族世界也不过是关于种族平等的基础性幻想，让主流种族人群无须直面可怕的种族歧视[24]。正如前文提到的，卢卡斯是一个黑人小孩，生活在以白人为主的80年代中西部小镇。卢卡斯在剧中的形象会让观众认为他的家庭经济状况优越。相较于拜尔斯一家的住所，卢卡斯的家显得宽敞舒适。对于许多人来说，卢卡斯的着装及精致的玩具显然符合该剧的怀旧氛围。然而，剧中没有明确指出卢卡斯在他的社交圈中，甚至在整个霍金斯镇上，是如何作为"象征性的黑人朋友"生存的[25]。生活在白人主导的世界中的有色人种往往会采取双重身份，他们的特点是会表现出程式化的顺应行为，从而符合主流人群的文化规范[26]。虽然卢卡斯和主角团队中的其他成员有着明显的生理及文化差异，但他试图表现得和他们没有区别。这种行为或许就是为了消弭那个年代普遍存在的种族歧视及压迫。

个体对"直面种族歧视问题"的抵抗

该剧的主创团队或许是选择了不对种族歧视问题作明确评论。对"谈论及探索不平等制度"的抵抗可分为三类：认知抵抗（cognitive resistance）、情感抵抗（emotional resistance）及行为抵抗（behavioral resistance）[27]。与将社会粉饰为"后种族社会"类似，认知抵抗指相信现代社会已不存在种族歧视，运用特定机制来避免谈论这个话题，并认为有色人种夸大了他们受到的不公待遇及歧视。情感抵抗指妨碍个体承认及理解种族不平等。行为抵抗也是类似的，指个体称因无法消除系统性不公而感到无能为力。

如上文所述，大量美国白人否认系统性种族歧视存在，因而憎恶给出相反证据的有色群体[28]。《怪奇物语》被称赞为"用心拍摄的良心好剧"[29]。但在种族问题上，这部电视剧对谁用了心？正如前文所说，《怪奇物语》没有直面过去的种族主义矛盾，而是描绘了一个"我们想要的80年代"[30]。从本质上来说，相较于更加全面地描绘里根时代印第安纳州的种族关系（虽然这可能会让部分群体不高兴），主创团队或许将"维系后种族社会的假象"放在了更重要的位置。

白人的脆弱

人们似乎普遍担心，如果承认有色人种的特定文化价值，则白人的文化规范及价值会受到冲击[31]。"白人的脆弱"（white fragility）便是描述此现象最常用的词语，指有些白人会将对种族歧视世界观的挑战解读为"对我们这群有道德的好人的挑战"[32]。而且，这种高度的文化敏感性使得人们希望"关于种族身份认同的讨论"能够维系现状[33]，即白人更优越，一切以白人的规范为准。

在《怪奇物语》第二季中，比利·哈格罗夫带着他如洗衣板般的八块腹肌来到霍金斯。他性格张扬，明显无法控制愤怒情绪。有一次，比利教训继妹麦克斯，让她远离卢卡斯，但没有明确提及卢卡斯的种族[34]。比利不断恐吓麦克斯和她的朋友，却没有人指出他的行径背后隐藏的种族歧视。实际上，比利的可怕行为被"洗白了"（whitewashed）。主创人员不仅向观众展示了比利多灾多难的童年，还让他为了"赎罪"牺牲自己，拯救他人[35]。部分观众因为这两点而"谅解"了比利固有的种族歧视观念[36]。当然这不意味着，比利的童年创伤及自我牺牲应被完全无视，但为什么不以同样的力度来呈现他上述的所有特质呢？比利是一个不那么友好的男生，有着痛苦的过去；而且，他的行为展现了根植于刻板印象及种族歧视的观念。但为什么相较于第二点，第一点的呈现更能被接受呢？如果主创人员选择深入探索卢卡斯与朋友在霍金斯受到的不同待遇，这部剧集会有哪些不同[37]？部分人认为，这不过是该剧创意总监选择的艺术表现形式罢了。然而对于黑人影迷而言，这却又是一个令人痛心的启示：小银幕上呈现的种族颜色意识（colorconsciousness）仍在与更大范围内的色盲意识形态不断交锋[38]。

黑人种族身份认同及克罗斯的黑化模型

"没有人想当温斯顿！"——卢卡斯·辛克莱[39]

喜爱《怪奇物语》的有色群体——尤其是美国黑人——肯定都与剧中人物产生过独特共鸣。黑人观众或许有过更严重的被边缘化或自我价值感被贬低的经历，这些经历会在无意间对个体造成伤害。黑人种族身份认同或许有助于理解上述情况。

20世纪70年代初，民族身份认同研究学者威廉·克罗斯（William Cross）提出了黑化模型（Model of Nigrescence），概述了"成为黑人"的认同过程[40]。克罗斯的模型列出了五个独立阶段。需要注意的是，这不是一个线性阶段模型，个体可以不按顺序地从一个阶段进入另一个阶段，也会因为世界观及／或外界环境的变化而倒退回前述阶段。

前遭遇阶段（Pre-encounter）

在第一阶段，即前遭遇阶段，黑人个体极少会注意到自身的种族身份，倾向于遵循主流文化规范（比如白人规范）。处于这个阶段的个体往往抱有内化的种族歧视感受，有意识或无意识地继承了扎根于种族歧视的主流文化价值观。

克罗斯模型的前遭遇阶段会诱发个体内化的"反黑情绪"。当个体"没有意识到自己成长于白人西化意识形态之下，因为这种意识形态牢牢地扎根于自己的文化之中"[41]，这种情况就会发生。在第二季万圣节的那一集，卢卡斯、达斯汀、迈克和威尔装扮成了捉鬼敢死队队员[42]。卢卡斯质问迈克，为什么要让他扮演温斯顿。虽然迈克在解释时没有明确指出这么分配是基于种族原因，但卢卡斯坚定地表示，不应依据种族来分配角色。与比利内隐的种族歧视观念类似，这一幕在剧中没有得到进一步探索。卢卡斯或许正处于黑化模型的前遭遇阶段，因而不愿扮演温斯顿（可以想象他的白人朋友也同样如此），因为温斯顿是"黑人捉鬼敢死队队员"（或者说是主流社会标准中最不受欢迎的角色）。另一方面，卢卡斯或许不希望以这种方式被标记为社交圈中唯一的黑人朋友。无论如何，主创团队没有进一步探索角色在这一方面的动态，观众只能自行猜测[43]。

遭遇阶段（Encounter）

当个体遭受了某些与种族相关的事件，产生了与过往观念不一致的认知时，便会进入第二阶段——遭遇阶段。认为自己被主流文化"洗脑"，因而感到内疚及羞耻，这在该阶段十分常见。回到比利·哈格罗夫的例子上，他与卢卡斯的互动或许会导致后者进入第二阶段。当卢卡斯意识到，相较于达斯汀、迈克和威尔，比利对他怀有更强烈的敌意，他便会产生不一致的认知，越来越难以相信自己和其他人是一样的。

浸入—浮出阶段（Immersion-Emersion）

第三个阶段为浸入—浮出阶段，主要表现为个体摆脱先前持有的观点，对种族有了新的理解并采用了新的种族身份。这一阶段由两个时期组成。在第一个时期，个体会展现出"学习及弘扬黑人文化的强烈欲望"，同时抗拒白人文化[44]。在第二个时期，个体将对黑人身份持有更为"平衡"的观点。如果卢卡斯决定远离他的朋友，只和黑人交朋友，那么这种行为可被视作浸入的一种迭代。如果卢卡斯决定探索与迈克、威尔、达斯汀及其他白人同伴重建关系的可能性，那么这便是第二个时期——浮出——的示例。

内化阶段（Internalization）

克罗斯模型的第四阶段为内化阶段，这是一个过渡阶段，个体需克服"认同新身份"的挑战[45]。卢卡斯或许会纠结于与白人同伴维系关系的个人成本及收益，这一过程展现了内化阶段的内省本质。

内化—承诺阶段（Internalization-Commitment）

最后一个阶段是内化—承诺阶段，焦点在于培养对"黑人身心健康"的长期关注[46]，最终由在黑化过程中形成的关于黑人的信念来推动[47]。经过前述的考虑阶段，卢卡斯在此阶段将重新回到最初的朋友团体中。与此同时，他不仅会与黑人同龄人维系紧密关系，同时也将关注黑人群体的身心健康与繁荣发展。

拥护色盲

卢卡斯活力十足的妹妹埃丽卡·辛克莱（Erica Sinclair）无疑是剧中最威风凛凛的新角色。她反应灵敏，对答如流，从不示弱，受到许多观众的喜爱。不过，从种族身份认同的角度来看，埃丽卡的角色弧线隐含着几个固有问题。究其本质，埃丽卡这个"烦人的小妹妹迅速转变为了装在小女孩身体内的无礼黑人女性"[48]，是一个典型的符合刻板印象的角色。此外，埃丽卡坦率地说出了资本主义的好处，若是回到里根时代有色人种的文化现实中，这个行为似乎尤其令人惶恐不安。埃丽卡说她喜欢美国的一大原因在于美国实行资本主义制度。她进一步表示："你知道什么是资本主义吗？资本主义意味着我们拥有自由市场体系。"[49] 让一个黑人女孩来表达这个观点，是在延续一种维系了不公制度的社会价值观。这种现象被称为"隐喻黑脸"（metaphorical blackface）[50]。与前文列举的许多含有潜在问题的人物情节一样，这一幕似乎也采取了"危险"的色盲呈现策略，使得观众会对剧情作出不一样的解读，而其中部分解读或许会对有色群体造成情感负担[51]。虚构作品的主创人员该肩负起哪些责任，才能更具颜色意识地呈现黑人经历呢？

创作责任的负担

社会文化与艺术作品会相互影响，大众对流行作品的诠释便源于此。社会事件会影响艺术创作的方向，人类经验在流行文化中的呈现反过来也会影响主流思想。虽然媒体本身不能改变什么，但确实"在传播新思想及呼吁改变的过程中发挥了重要作用"[52]。由此可见,《怪奇物语》未能直面种族问题,这起码是不负责任的。由于好莱坞的故事创作极具个人色彩[53],因此,针对种族多元化的角色进行文化"准确性"的审查是不可避免的。然而,对有色人种的包容也不应仅仅停留在象征层面,超越其上至关重要。此外,创作者必须额外考虑如何在银幕上呈现有色角色,以及作品传达出了什么样的种族信息[54]。若作品缺乏此方面意图,则种族平等及种族正义难以取得重大进展。

瓦妮莎·欣茨

　　心理学博士，威斯康星州持有执照的临床心理学家，于芝加哥职业心理学校取得心理学博士学位。欣茨博士曾参与"美国流行文化中的心理学概念表现"专题研讨会。她为平等、包容及多元化积极发声。她以合作的心态与个体共同工作，从而理解每一个人在各自文化背景中是如何为世界赋予意义的。她自称为"心理怪胎"，擅于将流行文化元素融入工作。

6

霸凌

什么是霸凌以及如何应对霸凌

莱昂德拉·帕里斯

"学生之间的霸凌现象无疑由来已久。"

——心理学家达恩·奥维尤斯（Dan Olweus）[1]

"蠢货。"

——十一[2]

许多人将孩子之间的霸凌行为视作人生常见之事，甚至是成长必经之路。然而研究显示，遭受过霸凌的儿童会受到严重的负面影响，甚至成年后也无法释怀。受害者往往会对霸凌者产生恐惧反应，与面临危及生命的事件时的反应类似[3]。迈克和达斯汀在湖边悬崖上受到霸凌者欺辱，他们的恐惧与威尔闪回颠倒世界时的痛苦有着相通之处[4]。因遭受霸凌而产生的负面情绪可能会导致抑郁、焦虑、创伤应激、学习成绩下降，以及长期无法与他人建立关系[5]。在高中遭到霸凌和欺辱时，十一没有对任何人说起，因为她从未学习过社交应对方式，也不想表现得软弱[6]。霸凌对儿童的身心健康造成的负面影响令人忧心，将近33%的青少年都曾受过某种形式的霸凌[7]。此外，目睹霸凌行为也会导致青少年学习成绩下滑，缺乏安全感，及采取不良的应对措施，比如表现出攻击性[8]。随着我们越来越了解霸凌以及这一行为对儿童发育造成的影响，很明显，我们不应再将霸凌视作青少年必须独自面对的正常压力源。

理解霸凌

"听着，我受够了被霸凌，受够了被女孩嘲笑。我不想再当一个废物了。"

——卢卡斯·辛克莱[9]

霸凌行为指造成他人痛苦并故意反复实施的一系列行为，作恶者

与受害者间存在权力差异 [10]。我们可以通过四个关键要素来判定某种行为是否达到霸凌程度：受害者感知、故意性、反复性及能力差异。

受害者感知

第一个要素或许最为关键，受害者认为对方的行为具有威胁性、会造成伤害。举个例子，男孩们玩"龙与地下城"时，迈克取笑了大家两句。达斯汀和卢卡斯似乎不怎么在意，但威尔明显不开心了 [11]。因此，迈克取笑达斯汀和卢卡斯，这个行为不会被认定为霸凌，但迈克对威尔做出的同样行为则符合此条标准。当然，要判定某个行为是否属于霸凌，还需考虑其他因素。

故意性

判断霸凌的第二个标准是：行为具有故意性。比如，当迈克意识到威尔伤心后，他真诚地向威尔解释，他只是"在胡闹而已"，不是故意要伤害威尔 [12]。迈克在乎威尔的感受。因此，虽然迈克的行为对威尔造成了困扰，符合第一个标准，但并不符合第二个标准，即具有故意性。

反复性

霸凌行为必须反复多次出现。若儿童具有单次打架、造谣、排挤他人或伤害他人感情的行为，这并不意味着他在霸凌他人。而如果明知道会让他人难受仍多次做出类似行为，那么这显然就是霸凌了。意识到自己的行为会让威尔伤心后，迈克就再也没有这么做过。而学校的霸凌者却在不同的时间和地点，反复多次针对迈克、卢卡斯、达斯汀以及威尔[13]。

能力差异

认定霸凌的第四个要素是作恶者与受害者之间存在能力差异。体力方面的差异容易辨别，也好理解，然而这不是霸凌者常用的权力[14]。通常来说，实施霸凌的儿童的能力往往来自社会地位、文化特权以及管束缺乏。但这不意味着霸凌者认为自己拥有能力。实际上有证据表明，部分儿童霸凌他人是为了夺回他们在其他情况下缺失的掌控感[15]。特洛伊和比利都运用了能力胁迫他人，比如特洛伊逼迫迈克跳下悬崖。比利的能力在于他年龄较长，因而力气大，且具有自主决定权。我们对特洛伊的妈妈所知甚少，只知道她想揪出是谁伤害了她的儿子。而比利与爸爸的关系让他感到迷茫，缺乏掌控感，因此他以霸凌他人的方式来弥补自己未被满足的需求 [16]。

霸凌的形式

霸凌可以是肢体上的、言语上的、关系上的，或者线上的（比如网络霸凌）[17]。肢体霸凌即殴打他人或强迫他人进入身体会遭受伤害的境地，比如特洛伊强迫迈克跳下悬崖 [18]。言语霸凌包括辱骂及言语威胁，比如比利发现麦克斯和卢卡斯在一起后，朝他们大吼大叫，威胁他们 [19]。在关系霸凌中，霸凌者会以受害者的社会地位为欺凌目标，意图摧毁受害者的名誉，比如史蒂夫的朋友在电影院标牌上写下了诋毁南茜的话语 [20]。关系霸凌行为包括散播谣言、排挤他人、公布他人的尴尬信息等。线上霸凌即通过电子设备霸凌他人，比如发送具有威胁性的信息，或在社交媒体上发布贬低他人的内容。《怪奇物语》中的孩子生活在 20 世纪 80 年代，那时线上霸凌尚未普遍出现。不过早在 90 年代，就有年轻人在线上遭受了同龄人的欺辱。对于部分人而言，即使生活在 80 年代，但只要身处有网络的地方，便有可能遭受线上霸凌。

如前文所述，霸凌和朋友间争吵、取笑及骚扰不一样。朋友争吵时可能会故意伤害对方，但说的气话很少是真心的，且双方也极少存在能力差异。比如卢卡斯和迈克吵嘴的时候 [21]，他们的行为不能判定为霸凌。取笑行为可能会反复出现，并包含某些方面的能力差异，比如哥哥姐姐取笑弟弟妹妹。但取笑不一定带有恶意，可能只是为了好玩，甚至可能是在表达爱意。可惜的是，听者不一定能轻易识别玩笑话中的善意，并会因此感到受伤，比如威尔被迈克取笑的时候。虽然听者会产生负面情绪，但说者并非有意伤害对方，因此这种情况可被视作一场误会。判定微攻击（microaggression，微小的攻击行为）时，故意性也是一个重要考量因素。微攻击指基于对他人偏见的看似无害的行为[22]，比如迈克假定卢卡斯愿意装扮为《捉鬼敢死队》的黑人队员温斯顿[23]，以及南茜的同事要求她去倒咖啡[24]。

微攻击行为源自偏见、无知，或是两者兼具，会对他人造成不适及困扰。反复出现，且明显具有故意性的微攻击，我们称之为"基于身份的霸凌"，因为受害者会因其自身的一个或多个身份而遭受攻击，比如性别、性取向、种族、民族、宗教、能力或语言[25]。这种霸凌会对个体造成极大伤害，因为它针对的是"受害儿童这个人本身"，而非笼统随机的霸凌。特洛伊和詹姆斯（James）[1]因达斯汀患有颅骨锁骨发育不全综合征（一种罕见的遗传病症，患者的牙齿及骨骼会发育不良）而嘲笑他，称他为"没牙仔"[26]。这就是基于身份的霸凌。这种霸凌与骚扰（针对受保护群体，比如种族、性别的令人厌恶的攻击行为）有着相通之处，比一般的霸凌行为更为严重[27]。骚扰者需承担法律后果，而霸凌者却往往能逍遥法外，即便当事人身处的组织制定了反霸凌政策也于事无补。基于身份的霸凌及骚扰行为的不同

I　剧中角色，全名为詹姆斯·丹蒂。——译注

之处，或许就在于地方政府及相关部门对这两种行为的定义及惩处措施。

霸凌通常发生在这样的环境中：未对攻击行为制定明确惩处措施并贯彻落实，缺乏同辈支持机制，或是该环境对于学生而言只作过渡之用[28]。比如在一所氛围糟糕的学校中，教师支持匮乏，文化接纳程度低，人际联结弱，那么霸凌发生的概率便相对较高[29]。若一所学校没有明确的反霸凌教育，也没有鼓励学生互助的机制，霸凌事件也会更加频繁地发生[30]。当学生进入新的环境，比如十一和麦克斯入读新学校时，社会地位和社会角色会被重塑，而霸凌可以是一种建立社会等级的方式[31]。在青春期早期及中期，身份认同开始形成。在《怪奇物语》的早期剧情中，几乎每一个孩子都经历了这一发育阶段。他们越来越清楚自己是谁，以及如何融入更大的社会环境。在这样的发育成长时期，青少年之间的关系可能会变得紧张，导致群体冲突。

这些冲突中混合了个体的经历与特征。正如前文提到的，霸凌者往往会表示对环境拥有较低的掌控感，并认为旁人会因他们无能为力的事情而责怪他们[32]。霸凌他人或许是一种重获权力或控制的方式。另外一个会促成霸凌行为的因素是敌意归因偏差（hostile attribution bias），即倾向于认为他人的行为具有攻击性及威胁性。有的时候，敌意归因偏差会导致儿童以类似方式作出回应[33]。若环境中有人用攻击行为来解决纷争或调控情绪，那么儿童也会进行模仿，以至于在面对不喜欢的人或事时便会做出霸凌行为[34]。上述动因在比利身上多有体现。小的时候，他的妈妈离开了他，且没有给予他跟随她一起离开的选择。爸爸又对他施以暴力。这样的童年经历让比利感到十分无力，在与他人互动时满怀敌意，并将他人的存在理解为负面的、具有攻击性的 [35]。

霸凌行为的另一动因是报复，即儿童遭到霸凌后转而霸凌他人 [36]。遇到矛盾时惯于攻击他人的儿童大多也难以发展出核心社会情感能力。换句话说，霸凌他人的儿童或许未能发展出以下技能：解决冲突、共情、换位思考、适应性应对、承担责任、自我管理或人际意识。成年人与儿童都应认识到，青少年通常不会因为纯粹的恶意而霸凌他人。霸凌他人的儿童确实应该为自己的行为付出相应代价，但同时我们也应看到，他们可能是遇到了困难，以及或是还未发展出某些能力。我们应在这些方面给予他们帮助。特洛伊的妈妈不该为特洛伊的行为找借口（诚然，我们也不知道她是否知晓孩子的所作所为）[37]，且必须认识到特洛伊的部分需求（比如安全空间）是未被满足的。

应对霸凌

应对霸凌的策略至少可分为四大类：建设性策略（constructive strategies）、外化策略（externalizing strategies）、认知疏远策略（cognitive distancing strategies）及自我责备策略（self-blame strategies）。建设性策略指以富有成效的方式直接解决霸凌问题，直面自身感受，比如与朋友谈论霸凌事件，躲避霸凌者，做好准备应对下一次霸凌，或是自我慰藉。达斯汀向霸凌者解释自身疾病，迈克尝试与霸凌者讲道理，他们都在运用建设性应对策略。外化策略同样也是直面霸凌问题及相关情绪，但解决方式大多指向外部，且往往被认作是消极的应对方式，比如殴打霸凌者，就像史蒂夫殴打比利一样[39]。认知疏远策略指无视霸凌者，尝试忘记被霸凌的经历，以及假装不在意。这类方法不直接解决问题，但能够保护受害者免受负面情绪影响。迈克曾数次采取这类策略。他并未主动地躲开霸凌者，但似乎也没有花太多时间去琢磨被霸凌的经历。自我责备策略也不直接解决问题，但更加关注自身的责任。比如受害者会认为自己在遭到霸凌时应做出不一样的反应，或是觉得自己活该被霸凌。

儿童并不认为建设性策略是最有效的应对策略，这或许会令你感到吃惊。若儿童将霸凌经历告知老师，或是勇敢反抗霸凌者，他们通常会被进一步地欺辱。建设性策略着重于解决问题，但并不一定能帮助儿童应对霸凌[40]。采取建设性策略的儿童往往会更频繁地受到欺辱，从而觉得自己的应对策略没有效果。这或许解释了为什么《怪奇物语》中的孩子虽然采取了这类策略，但仍持续地遭到霸凌。不过有证据显示，建设性策略会在较长的周期内有所成效，意味着儿童需要持续做出这类行为才能看到效果[41]。然而，当儿童得知建设性策略总有一天会奏效时，他们并不会好受一些。如果有人反复告知威尔或达斯汀，"虽然现在没有效果，但只要一直反抗霸凌者，对方总有一天会不再欺负你们"，不难想象他们听到这种话时有多么沮丧。

当儿童处于难以掌控的局面中，或是无法轻易获得资源时（比如能够给予帮助的成年人），一开始选择回避或许较为有益[42]。这也是为什么受害者时常会采取认知疏远策略，并认为这类策略更加有效。通过无视霸凌者，受害者便让对方失去了关注及掌控感，也就夺走了他们在那个情境下的权力。此外，采取认知疏远策略时，受害者还能在一定程度上客观地看待霸凌事件，从而保有正向的自我概念及自我形象。举个例子，乔纳森告诉威尔他没有任何问题，其他人怎么看待他并不重要，重要的是我们怎么看待我们自己。这让威尔从认知上与他人的想法拉开了距离[43]。这么做不仅仅是接受霸凌的发生，更是了解了霸凌的发生是因为他人有问题需要解决，而非因为受害者做错了什么。这也突显了自我责备是无效的，因为这类策略在某种程度上将霸凌行为内化作是正确的、自己应得的。自我责备策略也是一种寻求重获掌控感的方式，是所有应对策略中最没有效果的。重要的是，孩子应该学会如何在受到霸凌时重新定义霸凌事件，并在认知上疏远该事件，从而解决心理问题；同时从长远来看，他们应通过建设性策略来更加直接地解决霸凌问题。

旁观者

应对霸凌的最有效的方式之一是训练旁观者。旁观者可能会参与到霸凌行为中，可能会站出来反抗霸凌者，也可能会在事后给予受害者支持，以被动的方式帮助受害者[44]。比如当达斯汀遭到霸凌者取笑时，迈克在事后告诉达斯汀，他觉得达斯汀的病"就像一个超能力"，以示支持。面对比利的霸凌，史蒂夫主动维护了卢卡斯[45]。目睹霸凌事件的儿童往往会被动地给予受害者支持，或是什么也不做。

部分儿童具有更强的道德责任感，觉得他人期待自己去阻挠霸凌者，或是拥有更强的同理心，这样的儿童更有可能站出来维护受害者。原因或许在于，他们会担心自己成为霸凌者的下一个目标[46]。对朋友的关心及同理心似乎能胜过阻挠霸凌者所带来的风险，比如十一就主动站了出来反抗特洛伊，在大家面前维护了她的新朋友[47]。旁观儿童是否会站出来阻挠霸凌者的另一个因素在于，当他们自己遭遇霸凌时，是否曾以某类策略成功应对了霸凌者。遭受欺辱时倾向于寻求社交支持的儿童，当他们目睹他人受欺负时，也更倾向于为受害者提供社交支持[48]。同样，遭受霸凌时采取外化策略的儿童，当他们目睹霸凌事件时，也更有可能会参与到霸凌行为中，而采取建设性策略的儿童则倾向于主动维护受害者[49]。有意思的是，采取认知疏远策略的儿童同样也更倾向于维护受害者[50]。这表明儿童能够意识到，对于受害者而言最有效的策略，对于旁观者而言却不一定是最有效的。

成人干预

虽然大多数儿童并不认为成年人的干预有用，但老师、看护者及指引者仍能以某些方式来改善儿童处境。首先，成年人可以认可受害者的忧虑情绪，为他们提供以情绪为焦点的支持，帮助他们缓解负面情绪[51]。成年人往往会试图为儿童解决问题，或是否认他们有"感到悲伤"的需求，无视他们的情绪需要，在无意间忽略了他们的感受。威尔被其他孩子称作"怪胎"，乔纳森对他说："你不是怪胎！"[52]乔纳森试图告诉威尔这都是霸凌者的错，但他没有意识到，威尔确实觉得自己和别人不一样，并感到苦恼。后来，乔纳森改变了方法，不再专注于为威尔解决问题，而是让威尔知道他的经历是正常的。乔纳森的新做法取得了更好的效果。有的时候，最有效的干预行为包括倾听孩子、肯定孩子；在给出建议前先询问孩子，他们认为最有效的方法是什么。关键在于，帮助受害者将他人行为与其自我价值感拉开距离。同时也要让霸凌者认识到，他们需要采取更有效的方式来与他人沟通，以及帮助他们满足未被满足的需求。

心理健康干预措施是应对霸凌的重要方法，对受害者及霸凌者都卓有成效。认知行为治疗（cognitive behavioral therapy，CBT）的主要方法包括重构负性思维模式，建立对他人有益而非有害的行为，练习解决冲突、共情及应对同辈压力的适应性技能。受害者及霸凌者都可从中获益。举一个 CBT 重构认知的例子：南茜的妈妈表示，她为南茜感到骄傲，而南茜却拿自己被开除的事自我嘲解。南茜的妈妈重新定义了该事件，她说："我为你感到骄傲，是因为你捍卫了你自己。"[54]惠勒太太让南茜看到，在这起事件中，她展露了力量，而并非一个失败者。治疗具有霸凌行为的儿童时，心理及行为健康治疗师倾向于采用基于选择（比如选择"能得到更好的结果"的选项）及责任心的治疗方法；治疗有攻击行为的儿童时，他们还会帮助对方处理压力、人际沟通及愤怒管理等问题[55]。如果比利或特洛伊在学校接受心理咨询，那么心理咨询师、心理学家或社工很有可能会关注他们的恐惧及忧虑情绪，正是这两种情绪助燃了他们的愤怒。此外，专业人士还将帮助他们建立对他人的同理心，并找到有效的方法来让他们在生活中重获掌控感。

处理霸凌儿童的问题时，成年人往往会将关注点过多地放在惩罚上而非理解上。然而研究学者发现，恢复性正义措施（restorative justice practices），即引导儿童相互理解，让霸凌者补救他们所造成的伤害，可以更有效地减少霸凌行为[56]。举一个恢复性措施的例子，史蒂夫擦去了电影院标牌上诋毁南茜的话语，并找到乔纳森向他道歉。史蒂夫既复原了被破坏的电影院标牌，又努力地弥补了自己造成的伤害[57]。我们应帮助儿童理解，他们的感受和想法是如何导致了霸凌行为，引导他们积极面对自己造成的影响，尽力减轻自己给他人带去的伤害。这种带有目的性的综合方法能对霸凌者的行为起到长期效果。恢复性正义措施的效用有两个部分：既能让霸凌者学会为自己的行为承担责任，又能鼓励受害者走向康复。

预防霸凌

在一个环境中（比如学校），如果应对霸凌的策略始终如一并普遍适用，且策略强调旁观者应共同营造安全互助、反对霸凌行为的氛围，那么在这样的情况下，预防措施才是最为有效的[58]。部分预防项目的重点在于训练儿童以果断有效的方式阻挠霸凌行为，教育儿童挺身而出，站出来维护他人和自己，这样的项目非常重要。更重要的是，应尽早训练儿童并为他们展示如何预防霸凌，使之成为每周课程中的一部分，并贯穿始终。正向的支持体系及长辈的指引是预防及减少霸凌行为的核心因素，比如克拉克老师乐意随时为人答疑解惑，埃迪会指引新生玩家，以及南茜的妈妈会为南茜鼓劲打气。（虽然布伦纳博士时而会温柔地鼓励实验室中的孩子们，且一般不发脾气[59]，但他同时也是一个权威型的控制者。他没有很好地培养那些孩子，也没有为他们提供健康的指引。这或许解释了为什么实验室中的青少年虽然从未与外界同龄人接触，却也出现了霸凌行为。他们是从监护人身上习得的[60]。）

人们假定儿童会自己学会应对霸凌的技能，但是，霸凌行为的长期存在与旁观者的被动支持都表明这并不完全正确。霸凌发生后，相较于惩罚霸凌者及责怪受害者，更有效的方法是为他们提供支持及指引，营造正向环境，关注如何减少霸凌行为的发生概率。正如霍珀在给十一的信中写道：人们"需要打造一个环境，让大家都能感到舒适及被信任，可以敞开心扉分享感受"[61]。"霸凌是不被接受的行为，而非生活中必须面对的现实"。营造这样的氛围或许是减少霸凌的关键，使儿童能够积极地学习、成长、交际。这么做不但能让儿童的个体机能在未来的人生中变得更为强大，还能增强社群整体的健康度及幸福感。

"现在你们知道学校生活并不是一生中最糟糕的日子了，对吧？我要告诉你们，外面还有许多需要帮助的迷路小羊羔。他们需要你们。"

——埃迪·曼森 [62]

莱昂德拉·帕里斯

　　博士，全美认证学校心理学家，威廉与玛丽学院的心理学副教授，专长是普及社会公正及创伤知情方面的教育实践。她热爱科幻作品及流行文化，将它们用作教学材料及疗愈工具。她会定期做客《黑暗循环制作》（*Dark Loops Production*）播客节目，与大家探讨电视剧集，比如《恶魔之地》（*Lovecraft Country*）及《苍穹浩瀚》（*The Expanse*）。"流行文化心理学"系列丛书中的《邪恶力量》《黑豹》及《小丑》均收录有她与他人合作撰写的文章。

失去

—— 第 三 章 ——

7
儿童失踪及对
至亲的影响

谢莉·克莱文杰

"我不在乎有没有人相信我。只要我一天没有找到他，没带他回家，我就不会放弃。"

——乔伊斯·拜尔斯[1]

"一个人失踪后，家属有权知道真相。"

——失踪者家属协会（Families of the Missing）标语[2]

用霍珀局长的话来说，印第安纳州的霍金斯镇从来没有发生过任何事情[3]。许多生活在小镇上的人们也是这么想的，直到意外发生，永远地改变了那个地方和那里的人。《怪奇物语》讲述了霍金斯镇居民的故事，尤其是那些失踪的人们。第一个消失的是威尔·拜尔斯[4]。该剧第一季的主要内容在于寻找威尔，接下来的几季则描写了威尔是如何适应归来后的生活的。在前两季中，还有一个青少年也失踪了，她的名字叫芭芭拉·霍兰[5]。十一是一个被绑架了的孩子，她的故事贯穿剧集始终。该剧背景设定在20世纪80年代中期的一个小镇上，剧中人物的故事与现实世界中失踪儿童及他们至亲的故事有不少共通之处。

	低脂牛奶
	你见过我吗？
	姓名：×××
	年龄：××
	身高：×××
	外貌描述：×××
	最后一次出现：×××
	知情者请拨打911
	营养信息
	可搭配麦片食用
	均衡早餐

20世纪80年代，公众对儿童失踪事件的关注度急剧飙升，失踪儿童成为全国人民最为关注的话题[6]。多起备受瞩目的儿童失踪及被害案件被媒体广泛报道，国家层面也开展了相关活动，以促使大众更多地关注失踪儿童。他们的照片及信息被印在了牛奶盒、比萨盒及广

告牌上，这是最令人记忆犹新的一场活动[7]。全国人民，尤其是小镇及郊区居民，都开始担心自己的孩子会遭遇绑架。在那段时间里，似乎所有地方都发生过儿童失踪案件，对"来自陌生人的危险"的恐惧情绪达到顶点。全国人民（其实应该是各国人民，因为这个现象不可能只存在于美国）神经紧绷，惶恐不安[8]。

虽然《怪奇物语》中的青少年遭遇了超自然事件，但他们的失踪也反映了那个年代美国人心中的恐惧，以及当孩子下落不明时，至亲需要面对的揪心问题。每年全美失踪的儿童有将近50万[9]（虽然大部分被认定为离家出走，但这其中仍包含了上千名遭诱拐绑架的儿童[10]）。儿童失踪后，至亲将经历多种情绪，包括恐惧、愤怒、伤心、无助及忧虑。他们也可能会不敢相信、麻木及震惊。至亲会处于"盼望孩子归来"和"彻底绝望"之间的状态中，许多人都患上了临床障碍，比如抑郁症、焦虑症，以及创伤后应激障碍[11]。威尔·拜尔斯、芭芭拉·霍兰及十一的故事告诉我们，儿童失踪会对心系他们的人造成哪些心理影响，以及在部分情况下，当失踪儿童归来后，又会出现哪些挑战。

边界模糊

儿童失踪后，至亲最难面对的是失踪者的变化，或者说缺席，以及不知道他们什么时候（或是否）会回来。当不确定谁仍是家庭的一分子而谁又不是时，个体便会经历边界模糊（boundary ambiguity）。

大部分人在生活中的某一节点都需应对边界模糊的问题，比如当家庭成员搬家离开，去上大学，长期出差后归来，结婚，离婚，失去伴侣，更换居住地或患上痴呆综合征[12]。当仍身处家庭或其他形式的团体中的成员感到困惑，不知道在各类情况下谁能算作团体成员而谁又不算时，他们便会感到压力和焦虑，并对团体本身产生不确定性。当一个人失踪后，他的身体、精神及社交关系都是缺席的。而他人却往往会抱有希望，认为他将归来，重新成为团体或家庭的一分子。不确定性会造成压力，会让失踪者的家人及朋友难以迈向新生活[13]。至亲不愿将失踪者视作已永远离去的成员，因为他们无法确认失踪者是否再也不会回来。但与此同时，他们也需要继续生活，不能一直停留在原地。因此，失踪者的家人陷入了进退两难的僵局[14]。

威尔失踪后，他的家人和朋友都产生了边界模糊的问题。虽然他们都希望而且相信（大体上相信）威尔还活着，但他们其实也并不确定。威尔离开了，但又未真正地离开。威尔的朋友迈克、卢卡斯和达斯汀照常上学，但却没有在威尔缺席的情况下像过去一样玩闹，比如玩"龙与地下城"。乔伊斯和乔纳森不上班的时候，都在积极地寻找威尔。这与现实生活中的情况十分相似。失踪者的亲朋会尝试回到日常生活中，按部就班地过好每一天，但总有一个部分是缺失的。他们发现当至亲从生活中缺席后，自己也再难以好好生活。失踪后的威尔尝试与妈妈和朋友联系，这使得边界愈加模糊。他虽然人不在妈妈和朋友身边，但却能以一种新的方式与他们对话。乔伊斯用圣诞彩灯和字母来与威尔沟通，她的做法进一步模糊了边界。因为她相信和她对话的就是威尔，也相信威尔还活着，可威尔的躯体却不属于这个家庭，也不以乔伊斯或其他任何人能够理解的方式属于这个家庭[15]。乔伊斯无法像平常那样看见他、听见他或是联系他。威尔的声音既给了乔伊斯希望，也给她造成了痛苦。在现实世界中，如果失踪者和家属间存在着有限的联系（比如时不时地收到来自失踪者的信件或信息），则家属也会承受此类精神压力。若失踪者知道家属就在世界的某个地方时，后者会感受到更强烈的痛苦。失踪者至亲需应对的最艰巨的挑战，往往是"不知道"或"不明确"失踪者是否还算作家庭成员[16]。

反刍思维及反事实思维

一个人失踪后，其至亲除了会感到边界模糊外，可能还会出现另一心理问题——反刍思维（ruminative thinking），即不断地回忆思考[17]。他们会循环往复地思考某些事情。这种行为通常是无法控制的，且会长期持续，个体会反复聚焦于负面思绪或失踪事件。失踪者的至亲还需应对反事实思维（counterfactual thinking），即不断细想可能会发生的事情而非已发生的事实[18]。这种思维方式犹如一种幻想：希望过去能变得不一样，虽然这并不可能，比如希望自己当时采取了不一样的做法，使得结果有所不同。

在失踪者的家庭中，反刍思维和反事实思维无处不在，会耗费家属大量时间和精力，给他们带来极大痛苦。在失踪发生后的早期阶段，相关人员还在积极搜寻调查（通常为头一个月内）。此时，至亲会陷入无休止的忧虑状态，频繁地产生反刍思维。搜查与等待会带来压力[19]，他们相信孩子正面临着紧迫的危险局面，苦苦思索孩子将会受到怎样的折磨与伤害。反复不断的负性思维也会体现在躯体上，比如肠胃不适、恶心、颤抖、头疼或睡眠障碍。根据失踪者的失踪时长，家属的负性思维可能会长期存在，无孔不入，对他们的生理及心理都会造成影响。

威尔·拜尔斯失踪于 1983 年 11 月 6 日，那是一个星期天。第二天早晨，乔伊斯因为大儿子乔纳森前一天晚上没有回家照看威尔而生气。直到这个时候，他们才意识到威尔不见了。她也气自己那天晚上为什么没有回家[20]。根据乔伊斯在威尔失踪后的反应来看，反刍思维和反事实思维似乎占据了她的大脑。在调查搜寻威尔的早期阶段，乔伊斯显然没有太大信心，心烦意乱。她曾短暂地尝试回到正常生活，但没能成功。在威尔被找到之前，乔伊斯受到了反刍思维的影响，做出了有害身心健康的行为。最典型的例子是，乔伊斯使用了圣诞彩灯来与威尔沟通，相信这么做能够联系上儿子。虽然观众知道乔伊斯的做法是正确的，她也确实成功地联系上了威尔，但乔伊斯身边的人们却认为，她是因无法承受孩子失踪的巨大压力而崩溃了。乔伊斯似乎也不确信自己这么做是否有用，非常慌张。她意识到自己的行为在他人看来十分古怪，甚至可能会对自身造成伤害。她说："或许我就是想不清楚，或许我疯了，或许我神经错乱了！但是上帝啊，只要威尔还有一丝活着的希望，我就会一直挂着这些彩灯，直到我死的那一天！"[21]

无法从负面思绪中走出来的个体往往会感到痛苦、焦虑或抑郁，并出现前文提到的生理症状，比如头疼或呕吐[22]。反刍思维还会导致个体的行为发生他人难以理解的变化。失踪儿童的父母会被负面思绪淹没，做出在许多人看来"疯狂"的行为，比如找侦探、灵媒、雇佣兵或骗子来寻找孩子。威尔的朋友迫切地想找到他，于是找到了十一帮忙。乔伊斯让十一运用超能力寻找身处颠倒世界的威尔。最终，十一也确实带领着威尔的亲朋拯救了他。但在旁观者看来，他们这么做是因为无法承受威尔失踪的压力，或许还将伤害到自己。

芭芭拉·霍兰的父母急切地想知道女儿出了什么事情，他们也表现出了反刍思维。南茜和乔纳森四处寻找芭比，执着地想知道她的遭遇及下落，并因而进入了颠倒世界，发现了芭比毫无生命体征的尸体。后来他们得知，芭比的父母耗尽了家产，卖掉了房子，只为雇用调查员来寻找女儿。而南茜与乔纳森已经知道，芭比永远不会回来了，也不可能被找到了[23]。芭比的父母一心只想找到女儿，弄清楚女儿究竟发生了什么。他们始终抱有希望，觉得芭比会回来。

十一的妈妈特里·艾夫斯（Terry Ives）展现了最极端的反刍思维。布伦纳博士偷走了她的女儿简，而后特里被告知孩子出生时便夭折了。特里从未相信过这种说法，坚信女儿被绑架了。她反复思考女儿出了什么事情，并时常想象最坏的结果，此时她已出现了反刍思维。特里尝试以合法的方式夺回女儿但没能成功。我们可以想象，诉讼失败会让她的反刍思维越加严重。她会不停地想象女儿可能正在经历的痛苦，但却无能为力。后来，特里持枪闯入霍金斯实验室，试图将女儿抢回来，并在过程中射伤了一名守卫[24]。或许正是反刍思维促使她做出了以上行为。绑架了简的人对特里的大脑造成了损伤，使得她进入了无反应觉醒的木僵状态[25]，仿佛植物人一般。此时的她除了反刍思考，几乎什么也做不了了。

应对策略

当至亲失踪，人们会采取不同的应对策略。大多数人的方法是不放弃希望，盼望失踪者能够回来。起初，希望的火焰在威尔亲朋的心中熊熊燃烧，包括他的妈妈、哥哥、所有朋友以及负责案件的霍珀局长。他们相信威尔还活着，因为他们希望他还活着。芭比的至亲同样使用了保持希望的应对策略。在上述两个案例中，成年人都采取了行动。乔伊斯拃起了圣诞彩灯，霍兰夫妻则雇用了调查员来寻找女儿，后者的行为似乎更为理智。失踪儿童家属应对负面情绪的方法往往就是不放弃寻回孩子的希望。比如有的家庭会将孩子的房间保持得和他们刚离开时一样，即使已经过去了几十年。他们一直抱有希望，觉得心爱的孩子还会回来。有的家庭每天晚上吃饭时，都会摆上孩子的餐具，万一他们哪天就回来了。矛盾的是，这种管理压力的方法可能会让团体或家庭中的其他成员感到苦恼，因为他们的痛苦没有终点，永远无法从中解脱。部分失踪案件一直未能破获，失踪者的至亲会花上数年或数十年的时间苦苦等待。这就是为什么，如果失踪者在失踪一段时间后还没有被找到，家属可能会为他们举办一场纪念仪式或葬礼，这样亲朋好友才能意识到那个人永远不会回来了，由此作一个了结。霍金斯警方出具的报告表示，芭比的死是由霍金斯实验室释放的有毒物质导致的。在此之后，芭比的父母才终于为女儿举办了一场葬礼。

失踪者家属也可能会灾难化当前局面，想象最坏的结果。这么做会对自身造成巨大的情感创伤（取决于失踪者的失踪时长）。经历了丧失的个体或许需要寻求专业心理治疗师或心理咨询师的帮助，因为他们能够理解失踪事件的复杂性，可以帮助家属应对整个过程，让他们为必须放手的可能情况做好准备。乔伊斯和霍珀局长最后在颠倒世界中找到了威尔。即使他们反复思索过最坏情况，但仍没有为所见的景象做好准备，也没有料到威尔真的离死亡那么近。他们在异世界中找到了不省人事的威尔，他的喉咙中钻入了怪物藤蔓。在现实生活中，失踪儿童被找到后，家属往往也没有准备好面对孩子的遭遇。虽然他们已想象过最可怕的场景，但面对现实总是困难的。

失踪儿童归来

　　失踪者归来时，至亲大多喜出望外。但是，团圆过程中也存在阻碍。重逢可能会带来痛苦情绪及心理负担。在这个阶段，失踪个体需要重新适应创伤之前的生活。威尔回到霍金斯后，他表现出了闪回症状，不断地看到颠倒世界[26]。现实中的失踪儿童归来后也会经历类似情况。虽然他们已经安全了，但仍会出现闪回症状，以另外一种方式再一次经历创伤事件。威尔的情况正是创伤后应激障碍患者的真实写照。上一秒钟，他们还在好好地过着自己的生活，而下一秒钟，某些事物便会触发他们的创伤经历，让他们想起自己失踪的那段时间。在第二季中，乔伊斯同样表现出了创伤后应激障碍症状，她具有自己的触发诱因。比如每当电话响起时，她都会害怕得无法动弹，或许是想起了威尔失踪期间电话响起的情景。电话铃声唤起了她当时混乱不安的思绪：既希望电话是威尔打来的，又因不知道该如何帮助他而发愁。

威尔归来后，家人朋友都开心不已，但他却不再是从前的那个男孩了。乔伊斯注意到了他的变化，安慰他道："我再也不会让你经历任何不好的事情。无论你遇到了什么问题，我们都会解决的。"这是失踪者家属的常见反应，希望能够"修复"孩子，让他们恢复到从前的模样，保护他们不再受到伤害。至亲——尤其是家长——的典型反应之一，便是渴望一切都能恢复"正常"。乔伊斯向在实验室工作的医生寻求解决方法，但他们没能给予威尔任何有效帮助。就威尔来说，他无法被治愈，是因为他和怪物之间存在联结，这是超自然现象。而在现实中，归来的失踪者如果需要治疗或寻求治疗，想要放下伤痛并翻开生活新篇章的至亲或许会感到沮丧，因为部分家属认为治疗会延长苦痛。儿童可能无法清楚表达他们的遭遇及感受。创伤是无法被轻易修复的。威尔虽然没有办法用言语完整地讲述他的经历和感受，但他会用蜡笔画出自己的想法，借助艺术进行表达。对于有过创伤经历的儿童来说，艺术治疗（art therapy）是一个强大且有效的工具。失踪儿童的治疗方案中通常含有艺术治疗。

最后在应对策略上，经历过创伤事件的个体有时会选择重新开始，离开带有创伤记忆的地方，或是将相关物品丢弃。他们发现这么做是有效的。霍珀失踪且似乎已无法生还后，拜尔斯一家和十一就是这么做的，他们搬离了印第安纳州。有的时候，换个地方生活确实奏效。至少在物理层面上，个体与创伤源拉开了距离，移除了可能会触发创伤记忆的物品。虽然内心创伤还在，但远离日常生活中会触发负面经历的事物，可以在一定程度上减轻痛苦。

失踪儿童至亲的前行道路

　　威尔与芭比的失踪及他们至亲的经历让观众初步了解到，儿童失踪后会发生什么。从另一个角度来说，十一的故事也起到了相同作用。虽然剧中的失踪事件涉及超自然及科幻元素，但威尔及芭比的亲朋好友的反应与感受依然很好地体现了现实中失踪者家属的痛苦与绝望。至亲的失踪会对个体造成创伤及一系列的长期心理影响。失踪者家属应寻求擅长"重聚过程"（即将失踪者家属与亲朋重聚在一起）的专业人士的帮助。失踪者的亲朋也应寻求专业帮助，他们需要理解家属所经历的特定创伤，并以有效的方式去应对；同时，他们也需要处理自身的创伤。

　　20世纪80年代，失踪儿童及"来自陌生人的危险"受到了广泛关注，但这并不意味着儿童失踪如今已不再是一个重要议题[27]。虽然牛奶盒上不再印有失踪儿童的照片，但我们拥有了失踪儿童警报机制——安珀警报，以及积极投身于搜寻失踪儿童的各大组织[28]。充分认识失踪儿童所处境况，这有助于寻回他们。失踪及被剥削儿童中心为家长、监护人、朋友、亲属及所有关心的人提供了丰富的信息和知识，帮助大家进一步了解如何能为解救失踪儿童出一份力。

谢莉·克莱文杰

博士，萨姆休斯敦州立大学受害者服务系主任（美国首个受害者研究专业）。曾发表以受害经历为主题的经同行评议的期刊论文，并出版了相关书籍。其研究及教学内容包括探查漫画及流行文化中的暴力事件及受害者情况。她无偿与幸存者一同创作漫画作品，帮助他们应对受害经历。她因教学内容及为幸存者发声而荣获多个美国国家奖项。

8

失去你

探索失踪者、模糊丧失及接纳之旅

布里塔妮·奥利弗·西拉斯–纳瓦罗　　　　特拉维斯·亚当斯

"有的时候，当一个人失踪后，整个世界似乎都荒无人烟了。"

——作家、诗人阿方斯·德拉马丁（Alphonse de Lamartine）[1]

"你说的是为逝者悲痛。这不一样。"

——乔伊斯·拜尔斯[2]

好人也会遭遇坏事。有的时候，我们可能会觉得这个世界充满了危险与可怕的事物。不过，我们依然会努力地战胜它们。在颠倒世界里，我们真正恐惧的事物纷纷显现[3]。颠倒世界以黑暗扭曲的方式映

照出了我们锁在房间里的焦虑情绪，而怪物就潜伏在那表面之下。《怪奇物语》描绘了一个极具英雄气概的故事：即便希望渺茫，人们依然选择相信失踪者总有一天会回来。这部电视剧讲述了失踪者的故事，呈现了人物的悲痛情绪及丧亲经历。有的失踪者虽然回归却并非毫发无损，而有的再也没有回来，社群成员会因此经历丧亲。失踪案件发生后，剧中角色一而再、再而三地经历创伤事件，他们不得不在这一过程中提升自身的顺应力。在这些故事里，我们看到母亲、兄弟、社群成员甚至陌生人鼓起勇气，出手挽救看似已无法挽回的局面。有的时候，我们还会看到那些迷途的人们找到了新的回家之路，在经历了丧亲后努力地重建生活。

因失踪事件而产生的悲痛与模糊丧失

失去至亲至爱，个体会受到深远影响。丧爱的悲痛感是一系列复杂情绪，令人生畏且难以缓解。在悲痛过程中个体将丧失概念化，表达痛苦情绪，这两点是悲痛经历中的核心因素[4]。虽然大部分人认为，悲痛及丧亲经历所造成的痛苦会随着时间的流逝而缓解，但其实，它们可能会伴随丧亲者一生。无法处理自身反应，或倾向于否认至亲的离去，这都会让悲痛过程变得更加复杂[5]。若个体对至亲的悼念时长超出了社会文化的接受范围，文化期待也会对悲痛过程造成负面影响。丧亲者会遭到羞辱，被贴上"无法以合适健全的方式感到悲痛"的标签[6]。

乔伊斯·拜尔斯致力于找到她失踪的孩子。即使不被旁人认可，还遭到了政府部门的打压，但她一直抱有希望，认为孩子会安全归来。她付出了巨大努力想寻回儿子，旁人却误以为她是因儿子失踪而陷入了绝望，在做无谓的挣扎。由此，她的担忧被社会文化否定了[7]。悲痛情绪的表达是复杂的，且会持续较长时间（长期悲痛会持续一年以上），包括但不限于怀念、盼望、剧烈疼痛与悲伤，思绪被死者或失踪者占据，个体会感到震惊，情感麻木，愤怒，愁苦，无法社交，难以信任他人，觉得生活无意义，疏离他人以及角色混乱。因丧失而感到悲痛是无法避免的。人们经历的悲痛过程各不相同，风格因人而异，也取决于丧亲的类型[8]。

被潜抑或克制的悲痛情绪会对个体造伤害，并转为扭曲悲痛（distorted grief），表现形式为强烈的伤痛及愤怒，个体将失去正常生活的能力[9]。乔伊斯的前夫朗尼来找她时，对儿子威尔的失踪几乎没有表达任何情绪，反而关心起房屋状况（包括墙上巨大的洞）[10]。朗尼或许在与延迟悲痛（distorted grief）作抗争，表现形式为否认悲痛及缺乏情绪[11]。

当个体经历了尚未被解决的悲痛事件，不知道失踪者的下落和状况，无法作了结时，便会经历模糊丧失（ambiguous loss）[12]。模糊丧失会使"未得到答案的问题"变成无止境的循环，占据失踪者家属生活的绝大部分。乔伊斯·拜尔斯失去孩子只在一瞬间，但却不得不面对随之而来的各种复杂情况[13]。她被刻画为一个压力极大、忧心如焚的母亲。她在他人面前会放大忧虑感及寻回孩子的紧迫感，同时不间断地经历着威尔可能已经死去或永远找不回来的恐惧情绪。这种模糊状态使得乔伊斯高度执着于孩子的失踪，生出了一股无法控制的强烈欲望去不懈地寻找儿子。这就是许多失踪者家属的行为动机，因为他们渴求答案。由失踪事件引发的模糊丧失体现为：一直抱有希望，认为失踪者会被找到，无论是生是死；或是不得不生活在一个两种结果都得不到证实的世界里[14]。失踪者家属仿佛进入了冻结的悲痛状态，不断地思索各种可能性。他们会因创伤事件而停滞不前，无法应对当前处境[15]。拜尔斯一家在寻找答案时，以各自的方式表达了悲痛情绪。失踪者的至亲可能会经历情绪爆发，脑海中出现侵入性画面，否认或不断细想失踪事件，感到愧疚，产生情感需求[16]及复杂的悲痛情绪，以及寻求公正[17]。失踪者被假定死亡但缺乏证据，家属不知该作何感受，他们会因此而感到痛苦，思绪全被失踪者占据[18]。

失踪人口剖析

美国每日报告的失踪人口约为 2300 人，每年全美失踪的儿童有近 50 万[19]，在任一时刻都有超过 90000 例失踪案件未被侦破。虽有不少失踪者被寻回，但仍有不在少数的个体被宣告死亡，或仍下落不明。实际上在美国，每年发现的身份不详的死尸多达 4400 具。按照官方说法，失踪人口指目前所处位置未知的人，其境遇及安全状况令

人忧心 [20]。失踪者的文化背景多元各异，最终结局也各不相同，其中包括被绑架者、离家出走者，以及迷路、失踪及受伤的人们 [22]。失踪案例可分为故意失踪（家庭压力、精神障碍、痴呆症）及非故意失踪（非法行为、谋杀）[23]。导致个体失踪的危险因素包括精神障碍、药物使用、缺乏管束、危险行为、贫困、虐待史、性剥削、家庭氛围不良、青少年（尤其是女性）以及家长劝诫不足 [24]。在风平浪静的农村地区，个体失踪的可能性更大。此外，威尔之所以被主创团队选定为失踪者，除了年龄及生理性别因素以外，也因为他缺乏成年人监管 [25]。在《怪奇物语》中，当可能会发生可怕的事情时，成年人总是不在，使得青少年角色陷入危险境地 [26]。可能（或担心）再次失踪，重历负面事件，遭到二次伤害（secondary victimization），这是失踪者需承受的额外负面后果 [27]。在威尔·拜尔斯的案例中，我们可以看到，他无法逃出颠倒世界的创伤经历，不断闪回 [28]，吐出的虫子是他从颠倒世界带回的纪念品 [29]，与夺心魔之间的联结也存留了许久 [30]。对于威尔来说，最初的失踪事件对他造成了额外创伤，增加了他再次成为受害者的可能性，导致他做出了更加危险的行为。儿童是最容易受到上述影响的群体 [31]。

十一同样也曾是失踪者，她在婴儿时期被受政府控制的秘密实验人员绑架 [32]。即将步入青春期时，她打败了魔王，然后又再次失踪 [33]。这些反复发生的事件表明，高风险人群受到追加伤害的风险更高，更有可能陷入危及生命的危险境地。能够降低个体失踪概率的保护因素包括正向的社交支持、年龄的增长及较高的认知能力 [34]。第一次进入颠倒世界时，南茜就避开了各种危险，因为她身手更为敏捷且具备较为完善的认知能力。后来，她凭借在颠倒世界中获取的知识，更好地应对了接下来的危险事件 [35]。

爱着失踪者

爱着失踪者的人们会经历独特的挑战。至亲失踪后，家属往往会面临职场上及财务上的困难，缺少社交支持，痛苦万分，还会遭受羞辱，并因丧失经历而一直处于模糊状态中。应对模糊丧失并不容易，除非明确得知失踪者的结局。当失踪者被找到，无论是死是活，家属都能作了断。若至亲一直下落不明，则家属会反复经历丧失，极度盼望失踪者能够归来，而这种局面是难以应对的 [36]。

乔伊斯无法面对儿子的失踪，因此在重建稳定的家庭关系时遇到了额外困难 [37]。乔纳森起初认为弟弟失踪是自己的错，并因悲痛而做出了一连串挑衅行为。这个家庭陷入了漩涡，每个成员及支持他们的人都希望威尔能够安全回来，这也是他们必须应对的挑战。有的失踪者家属会主动搜寻，竭尽所能寻找失踪者。有的家属会被动搜寻，还有的家属则疲倦地在原地等待。刚知道威尔失踪时，霍珀还试图劝说乔伊斯不必寻找，并提到十个失踪者里有九个都和亲戚在一起 [38]。失踪者家属大多有一套哀悼仪式，比如举办悼念会及纪念会，以及在失踪事发后寻求额外力量及帮助 [39]。失踪事件会改变家属的生活，对他们的情绪功能及心理健康造成极大影响。至亲失踪后，个体会产生持久而强烈的复杂悲痛情绪[40]，出现人际关系问题，与现实愈加疏离。"生活在进退两难的僵局之中"，身处"悲痛与丧失间"的模糊地带，这是爱着失踪者的人们的主要状态[41]。

霍金斯实验室的人员毫无征兆地将简绑架，把她塑造为了十一。从她母亲尝试营救她的行为（以及事后的悲惨下场）来看，丧失经历确实会对心理健康造成长期深远的影响[42]。有此经历者患上精神障碍的概率更高，包括抑郁症、创伤后应激障碍及退行[43]。失踪者的家属更有可能会表现出以下症状：更频繁的反刍思维及痛苦思绪，以及更严重的精神症状及刻板行为[44]。他们会因失去失踪者而感到模糊悲痛，这是一种摇摆不定的悲痛感[45]，一种因没有明确结果而产生的长期痛苦情绪。

芭芭拉的父母因为一直没能在女儿的失踪事件上做一个了断，便陷入了这种极度痛苦的状态[46]。当至亲失踪且未能寻回时，家属虽会尝试回到正常生活，但过程十分复杂[47]。他们必须适应没有了失踪者的生活，家庭运转模式及家庭边界都会因而遭到损害[48]。导致家属长期经历复杂的丧亲之痛的危险因素包括：外界压力、冲突、模糊状态、人际关系问题、社会权力被剥夺、孤立、羞辱、政治及公众消音，以及文化及精神压力。

至亲失踪后，家属需费力消化这一事实，接受帮助的意愿或许会下降。社群成员往往会互帮互助。一开始，霍珀局长与副手不情不愿地搜寻威尔。直到在路边发现威尔的自行车后，霍珀才终于承认这是一起正儿八经的失踪案件。他与副手将自行车送回威尔家，并组建了搜寻队，其中包括前来帮忙的霍金斯居民[49]。在社群成员的帮助下，警方往往能获得更多资源，比如附近城镇前来增援的执法警官。有了额外资源，社群成员会输出更多信息，警方及社群领袖的决定权将有所弱化。此外，搜寻队也将获得额外帮助[50]。霍珀局长终于相信威尔真的失踪了以后，他和志愿者在外搜寻了整整一夜，社群成员陪伴在他和其他警官的身边[51]。

在搜寻威尔的过程中，许多社群成员都贡献了自己的力量，付出了时间与精力，并与失踪者家属长期共情。他们会因此获得内在奖励（intrinsic reward）[52]。拥有同理心，即理解他人的情感，则能具备更强大、更无私的助人动力[53]。社群成员是否会伸出援手还取决于另一因素：需要帮助的个体是否是内群体（ingroup）成员。社群对内群体成员——即任何特定群组的成员——具有正向情感。与此相对的是外群体（outgroup）个体，即不属于群体的个体。当与社群有着紧密联系的内群体成员失踪时，社群成员更能感同身受，也更倾向于提供长期援助[54]。当外群体个体失踪时，社群成员的共情水平会降低，且会对失踪者抱有更多偏见，对他们评头论足[55]。在学校的悼念会上，两个霸凌者拿威尔的失踪事件开玩笑，激怒了迈克。迈克是威尔的亲密好友，也是"龙与地下城"小分队队长。他把其中一个霸凌者推倒在地，质问对方为什么要做出这种不合时宜的行为[56]。在这一幕中我们能看到，有的师生对威尔充满同情，也有人十分不屑[57]。

顺应力与复原力

个体失踪后归来，或被寻回后，其自身及亲朋都会长期受到巨大影响，他们的社交支持网络也会受到影响。归来的失踪者与留守至亲重逢后都需重新适应，做出社交关系上的改变。留守至亲必须努力地让失踪者重新融入自己的生活[58]。影响失踪者重新融入的因素包括失踪时长及创伤事件的严重程度。失踪者归来后若有所变化，则会感到愈加内疚及羞耻。

威尔归来后，受到了许多社群成员的鼓励，但也遭到了部分人的辱骂。他起死回生的故事登上了当地报纸，有同学将剪报塞进了他的储物柜，并写上了"僵尸男孩"几个大字。学校的霸凌者在走廊和威尔擦肩而过时，便以这个外号称呼他[59]。不幸的是，青少年的声音往往会被忽视[60]。虽然威尔尝试无视外界评价，但他和他的至亲依然无法不注意到这些负面言论。

有的时候，当失踪者归来后，他们会被鼓励按照亲朋好友的节奏重返日常生活，而不是以他们自己的节奏，即对于他们而言更舒服的节奏。失踪者重新融入生活时若受到催促，创伤症状或许会进一步恶化，他们也会感到愈加困惑。那些在失踪期间受到了额外创伤——性侵犯、身体或情绪折磨、精神虐待——的个体，即使他们掌控了重返生活的节奏，也难以以健康的方式融入大家。失踪者与内群体的联结也会对他们归来后的生活产生影响：失踪者与内群体的联结越紧密，越能感受到他人的支持，则创伤症状越轻；相反，若失踪者感到与内群体的联结断裂，则创伤症状会愈加严重。失踪者能否重返正常生活还受到其他因素影响，包括他们应对压力的方式，以及是否遇见会让他们想起创伤经历的事物[61]。

威尔归来后会定期接受医疗检查。在此过程中，欧文斯医生（Dr. Owens）表示，当创伤事件的周年纪念日临近时，受害者会性情大变[62]，这就是所谓的"周年纪念日效应"（anniversary effect）或"周年纪念日反应"（anniversary reaction）[63]。有过创伤经历或患有创伤后应激障碍的个体大多会发现，即使在治疗后症状已有所缓解，但当创伤事件的周年纪念日临近时，病情仍会急剧恶化[64]。创伤后应激障碍的常见症状包括噩梦、闪回、高度警觉、情感麻木，以及隔离与回避。即使个体没有主动回想或产生直接的联想，闪回及其他再体验症状也可能会随时发生，触发物可能是一段记忆、一部电影、一种气味或味道，以及其他事物。这些症状会将个体淹没，导致其出现生理反应，比如焦虑、呼吸急促，有时还会导致惊恐发作。威尔·拜尔斯从颠倒世界回来后，仍会看见奇异景象，却不知道该如何把这一切告知亲朋好友。因为无法分享，所以他内化了痛苦，尝试独自处理这些问题[65]。威尔归来后仍陷于痛苦之中，试图隐藏会让他想起创伤经历的思绪及感受，使得隔离及回避的症状更为严重[66]。

虽然这不是失踪案件中的常态，但当留守家属与至亲发现失踪者已亡故后[67]，他们往往会难以接受这一现实[68]。在史蒂夫家参加派对后的第二天，南茜发现芭比（芭芭拉的昵称）不见了，感到十分担心。她四处寻找芭比，不愿相信芭比离家出走的说法。南茜无法接受这个事实，责怪自己为什么没有陪伴芭比，而是与史蒂夫待在一起。她感到悲痛且孤独，隔离了家人和朋友[69]。南茜陷入模糊状态，非常痛苦，因而无法处理丧失经历及内疚情绪。她责怪自己，也不信任他人。当得知芭比在颠倒世界中被杀害后，她得到了些许解脱。后来，她确认了芭比的死亡，并为芭比父母提供了一些答案，此时她拥有了更强烈的解脱感[70]。帮助芭比父母做了断，她自己也得以做个了断。当然，南茜的内疚感仍挥之不去。这大概就是为什么在对付维克那的时候，她一直陪伴在经验较少的罗宾身边[71]。

当失踪者一直没有归来，其亲朋好友便会生活在模糊状态中，可能会做出旁人难以理解的行为[72]。虽然没有说明书规定家属该如何感受，但总有人会仔细审查家属的一举一动，看是否与他们的预期相符。失踪者生不见人、死不见尸时，家属需消化难以释怀的悲痛情绪，这会导致他们不能作出决策，为有意义的生活设下不清晰或不健康的边界，或是将注意力完全集中在失踪事件上而置其他事情于不顾[73]。经历了模糊的悼念期后，不能确定失踪者状态的家属或许会持续抱有希望，不愿为失去至亲而感到悲痛；也可能会接受失踪者已真的离开，从而感到些许解脱[74]。南茜和史蒂夫会定期探望芭比父母，与他们共进晚餐。芭比的妈妈说，她知道晚上要招待南茜和史蒂夫，但时间不知怎么的就从她身边"溜走"了。她忘记了时间，所以才点了外卖。她心烦意乱，无法专心生活。南茜和史蒂夫问起院子里怎么有一个标着"出售"的牌子，芭比的父母表示，他们要卖掉房子，好雇用调查员寻找芭比[75]。通常而言，失踪者家属会不断反刍，希望能够改变过去，还会消极地自言自语，责怪自己，感到羞耻。他们会责怪自己在失踪者失踪之前的所作所为，并愿意牺牲一切来找到去向不明的至亲至爱[76]。

我的失踪故事

我的失踪故事

> "你表现得仿佛你在这个世界上是孤身一人，但你不是。你不是孤身一人。"
>
> ——乔伊斯·拜尔斯[77]

　　个体失踪后，首要任务是找到他们，如果身体没有大碍那就最好了。但是，对于执法部门及社区搜寻队来说，找人不应该是唯一任务。搜寻者找到失踪者后，不应让失踪者感到内疚或羞耻[78]。从颠倒世界归来后，威尔被送入医院做全身检查。迈克、达斯汀及卢卡斯探视威尔时，讲述了他们在寻找威尔期间所经历的冒险事件，这让威尔不知所措[79]。失踪者归来后，本就感到羞耻和痛苦。若旁人不关心、不同情他们的经历，而立刻开始询问各种问题，这会让他们的负面感受更加强烈。归来的失踪者会觉得重新融入社群是一件压力极大的事情，最好能有几天的时间让他们慢慢适应[80]。

　　观看《怪奇物语》时，观众能体会"找到失踪者、失去失踪者及悼念失踪者"等不同情形下的情感与心碎。留守家属会被模糊丧失吞噬，不知道还要等待多长时间，才能知晓失踪至亲仍然活着或是已经死去的消息。在模糊丧失中挣扎的个体会感到孤独、疏离、愤怒及角色困惑。失踪者归来后或许难以信任他人，内心充满内疚或羞耻，在重新融入社群时感到巨大压力。接纳一个缺席已久的人重新回到自己的生活中，遇到困难十分正常。重要的是，我们需要理解，归来的失踪者往往需要应对长期的心理问题。失踪者的社交网络应展现出同情心与同理心，帮助他们更好地重新融入社群。

"一切都不会回到原本的模样了。不会了。但总会好起来的，假以时日。"

——吉姆·霍珀局长 [81]

布里塔妮·奥利弗·西拉斯－纳瓦罗

　　硕士，准伴侣及家庭治疗心理学博士，曾在美国及其他国家就文化及性取向等话题作过演讲，专长是处理悲痛及丧亲之痛。奥利弗·西拉斯－纳瓦罗女士曾为《黑豹心理学：隐秘王国》一书撰稿，也曾在漫展专题研讨会及播客节目上探讨超级英雄治疗、流行文化心理学及运动心理学等话题。

特拉维斯·亚当斯

　　于南加利福尼亚大学获得社会工作专业硕士学位，目前是帮助美国现役军人及退役军人再适应的心理咨询师。作为海军陆战队退伍军人，他的专长是通过多种疗法，帮助患有创伤后应激障碍、焦虑症、抑郁症、物质使用障碍及其他障碍的军人恢复健康。他将标准化的治疗模型与流行文化结合在了一起。

9

孤独的事物

在朋友的帮助下应对创伤及孤独

雅尼娜·斯卡利特　　　　　　　詹娜·布施

"我们确实会否认自身的孤独感……仿佛感到孤独是有问题的。经历了丧亲的个体会感到悲痛及心碎。然而即便孤独感由此而起，我们也仍会觉得羞耻。"

——社会工作研究者布勒内·布朗（Brené Brown）[1]

"社会抛下了他们，伤害了他们，遗弃了他们。"

——凯莉（Kali），八号 [I,2]

I　剧中角色，霍金斯实验室中具有超能力的儿童之一，编号 008。——译注

当个体经历了任何形式的创伤后，比如分手、遗弃、绑架、折磨、精神及肉体虐待，他们很可能也会觉得与生活中其他人的联结断裂了。比如霍珀，当女儿莎拉去世，又与妻子离婚后，他将自己隔绝在了世界之外[3]。同样地，十一被偷走后，她的妈妈特里·艾夫斯就缩进了自己的世界。那个时候，她还未遭受致命袭击变成植物人[4]。比利死后，麦克斯无比内疚，疏远了大家[5]。霍珀被关押在监狱里时，他认为乔伊斯离开他会过得更好[6]。

创伤幸存者即使有家人好友陪伴在身边，也依然会在情感上与他人脱节。当他们感知到与他人的情感联结断裂时，便会产生孤独感[7]。举个例子，迈克的妈妈卡伦·惠勒在大部分时间里都感到孤独。虽然她和丈夫住在一起，但生活非常空虚。丈夫仅仅是人在家，而这并不足够。这对夫妻几乎不怎么说话，也很少一起做些什么。因此，卡伦觉得自己与丈夫的联结断裂了，所以才会对麦克斯的继兄比利·哈格罗夫产生性兴趣[8]。

经历了创伤事件后，许多个体都会感到与他人在情感上是脱节的。实际上，感觉与他人有隔阂，联结断裂，这似乎是许多创伤幸存者最主要的症状之一[9]。威尔觉得朋友们无法理解自己，尤其当他认为大家都开启了新生活，有了女朋友，只有他还被困在创伤经历中时[10]。虽然朋友都在威尔身边，但他们却无法在情感上触达威尔。

与他人的情感联结断裂，个体便会感到孤独，身心健康都会受到负面影响，甚至会陷入长久痛苦及过早死亡[11]。另一方面，社群支持有助于改善个体的身心健康，延长寿命[12]。十一和达斯汀都曾在孤独中挣扎，也都曾从与他人的联结中获益。十一和迈克及迈克的朋友愈加亲密，后来还和麦克斯成为好友。她显然不再那么孤独，变得更加自在[13]。同样地，南茜在雪球舞会上发现达斯汀在独自哭泣，于是便邀请他共舞。知道有人在意自己后，达斯汀明显获得了前所未有的自信心[14]。

感知到的社交隔离

"作为医生，我最经常遇见的疾病不是心脏病，也不是糖尿病，而是孤独。"

——美国前公共卫生局局长维韦克·穆尔蒂（Vivek Murthy）[15]

许多人以为，感到孤独是因为缺乏社交互动。其实，孤独感是个体感知到的情感脱节，无论身边是否有他人陪伴[16]。在女儿莎拉患病并最终死亡的过程中，虽然霍珀是已婚状态，但他依然感到孤独。给莎拉讲完故事后，他独自一人在楼梯间哭泣，即便他的妻子当时也在医院里[17]。同样地，好友芭比失踪后，南茜在其他朋友面前装出一副没事的样子，但她知道芭比已经死了，并为此感到内疚。她躲在浴室独自哭泣，没有让任何人知道她正在经历着什么[18]。（为芭比讨回公道后，在一定程度上她变得更加坚强，并感到些许释然，可内疚感仍未完全消散。后来，当她穿梭在正常世界与颠倒世界之间时，维克那利用了她的内疚情绪来对付她[19]。）

在过去的几十年中，研究"孤独对身心健康的负面影响"的学者认为，感到孤独已是普遍现象[20]。医生提醒大家，感知到孤独的主要问题在于，其长期影响会严重损害健康。心脏病、阿尔茨海默病、肥胖症及部分癌症的患病风险的增加，也与孤独感的长期影响有关[21]。在第一季中，威尔的妈妈乔伊斯曾险些陷入上述状况，幸亏获得了朋友（及孩子的朋友）的帮助与支持。同样地，前记者及阴谋论者默里独自生活，健康状况似乎不容乐观。直到和其他角色，比如南茜及俄罗斯科学家阿列克谢（Alexei），建立了联结后，他才焕发了生命力（不过，若失去了为数不多的社交关系，他或许又将陷入苦难）[22]。

孤独感会严重妨碍个体睡眠，削弱其思考能力[23]。威尔失踪时，乔伊斯几乎无法入睡。同样地，孤独感还会影响个体调节注意力及完成任务的能力（即执行能力），削弱其逻辑推理能力，比如处理工作及数学问题[24]。威尔失踪时，乔伊斯也表现出了上述症状。她满心焦虑，没有朋友，做不了早餐，还会遗忘钥匙及其他小事。

孤独是难以忍受的，因此，感到孤独的个体更有可能会对"被拒绝"保持高度警觉（过度谨慎）。为了不被拒绝，不受伤害，他们或许会将自己与他人隔离开来，由此形成恶性循环[25]。乔伊斯刚出场时，我们看到，她在婚姻破裂后将自己与外界隔绝，每天除了上班、下班、睡觉外便没有其他活动，如此循环。她的大儿子乔纳森在学校遭人排斥，于是开始从事可单人完成的活动，即摄影。他不愿出门去结交朋友，总是独自观察他人并偷偷拍照[26]。

　　感到孤独，高度警觉，回避社交，若这个循环持续下去，则患病（比如感冒）、身体疼痛、易怒、滥用药物或与他人发生冲突的风险都会增加[27]。这在剧中多名角色身上都有所体现。霍珀时常借助药物、酒精及性爱来逃避现实，直到与乔伊斯及十一建立了有意义的关系[28]。南茜起初试图通过在派对上酗酒，及与男朋友史蒂夫争吵来应对芭比的死[29]。乔纳森多年来反复经历着危机与创伤。弟弟失踪，后来又被认定为死亡，这是他创伤经历的起点。异世界的磨难就像旋转的陀螺一样，不断地出现在他的生活中。在经历了这些苦难之后，乔纳森或许更愿意与朋友阿盖尔（Argyle）一起嗑药，来释放内心的紧张情绪[30]。

　　目前有多名学者认为，孤独感与长期吸烟及酗酒一样，都是导致过早死亡的高危因素[31]。如果乔伊斯、霍珀及南茜继续这样下去，而没有与他人建立起有意义的联结，那么他们可能会患病或过早死亡。同样地，对于在生活中遭受了重大压力事件——丧亲、虐待、离异或患病——的老年人而言，如果同时还感到孤独，那么他们在遭遇压力事件的数年后离世的风险会有所增加。而如果老年人感觉自己拥有足够的社交支持，则不会受到额外危险因素的影响[32]。

　　许多人表示，长期孤独会造成难以消解的巨大情感伤痛，是自杀的重要危险因素[33]。无论个体是否患有精神障碍（比如抑郁症），自杀倾向及自杀行为的增多都与孤独感有关[34]。举个例子，十一的妈妈被迫与十一分离，且发现自己无能为力后，便渐渐地陷入孤独及创伤之中。她退回到了自己的世界里，一次又一次地回想失去女儿的可怕记忆 [35]。十一的妈妈是因为受到电击才出现上述症状，而许多人在创伤及孤独中挣扎时，也会出现类似症状 [36]。

感知到的社交联结

感到孤独与被拒绝可以说是人类最痛苦的经历之一。孤独感不仅仅会给我们带来心理疼痛，也会造成生理疼痛。实际上，研究学者发现，泰诺不仅能缓解生理疼痛，也能缓解心理疼痛，因为这两种疼痛影响大脑的方式是类似的 [37]。在第一季中，霍珀除了患有物质使用障碍外，还明显患有其他生理问题。

但这不意味着感到孤独时，所有人都应该服用镇痛药。相反，研究学者认为，有意义的社交关系往往能缓解生理及心理疼痛。举个例子，当个体在承受轻中度疼痛时，如果一个富有同理心的陌生人，比如护士，能握握他们的手，那么相较于没有任何支持的疼痛者，前者的生理及心理疼痛感都是较轻的。当疼痛者的手被至亲，尤其是关系亲密的人握住的时候，他们的生理及心理疼痛都可能会有所缓解，效果较陌生人更佳 [38]。霍珀在安慰十一时，与她分享了女儿莎拉去世的故事。他一边说，一边握着十一的手抚慰她，让她能够好受一些，心理上不再那么痛苦 [39]。同样地，威尔在学校遇到困难时，哥哥乔纳森告诉他做个"怪胎"很酷，还说他们兄弟俩在这方面很类似，以此来让威尔好受一些[40]。

实际上，有意义的社交联结能极大地促进个体的身心健康，对抗孤独感。事实证明，有意义的社交关系（包括面对面关系及远距离关系）可减轻炎症，提升睡眠质量，缓解抑郁情绪，改善人际关系[41]。

运动锻炼（比如骑自行车）与有意义的社交互动（比如团体治疗或与朋友玩"龙与地下城"）可将端粒长度延长 10% 之多，或许能让我们多活几年[42]。剧中的男孩喜欢一起玩"龙与地下城"，因热爱游戏与学习而建立了深厚友谊。当朋友们对游戏不再充满激情，威尔感到极度的失落及孤独[43]。同样地，史蒂夫与达斯汀也因为女孩和美发产品而建立了联结。这看似琐碎小事，但达斯汀在史蒂夫有意义的社交指引下收获了自信及快乐[44]。

共同面对魔王与孤独怪物

总体而言，直面孤独的危险程度或许不亚于使用有害物质[45]或抗争颠倒世界的怪物。通过团结协作，建立深厚的情感联结，人们似乎更有可能以多种方式拯救彼此的生命[46]。这种拯救行为每天都能发生，不一定要像从颠倒世界中救出一个孩子那样宏伟浩大[47]。

雅尼娜·斯卡利特

博士，持有执照的临床心理学家，作家，全职怪胎。其他著作包括《女超人》（Super-Women）、《黑暗特工》（Dark Agents）、《哈利·波特治疗》（Harry Potter Therapy）。《流行文化心理学》系列丛书中的每一本书都收录有她的文章。她时常担任书籍及电视节目顾问，包括美国家庭电影台出品的《少年正义联盟》（Young Justice）。

詹娜·布施

作家及主持人，创建了"莱娅军团"网站，以支持热爱科幻影视作品的女性，让更多人知道她们。目前是斜杠电影网（slash-film.com）及活力刺激网（vitalthrills.com）的内容贡献者。曾与漫画天才斯坦·李（Stan Lee）共同主持《与斯坦共饮鸡尾酒》（Cocktails with Stan），并担任周播娱乐节目《渴望至极》（Most Craved）的主持人。作为流行文化专家，詹娜·布施曾接受过多家媒体采访，包括美国全国公共广播电台、半岛电视台美国频道、《夜线新闻》（Nightline）、《现场冲击》（Attack of the Show）、纪录片《她是漫画家》（*She Makes Comics*）等。"流行文化心理学"系列丛书中的大部分书籍都收录有布施与他人合作撰写的文章。她的作品遍布互联网。

感 受

── 第 四 章 ──

10

现时记忆：

《怪奇物语》的怀旧魅力

唐·R. 韦瑟福德　　　　　　威廉·布莱克·埃里克森

"怀旧犹如寻找一名心灵收件者。即使遭遇一片寂静，也要从中搜寻值得纪念的符号，不顾一切地误读它们。"

——社会评论家斯维特兰娜·博伊姆（Svetlana Boym）[1]

"是突然同时出现的现时记忆，就现在。"

——威尔·拜尔斯[2]

自我由记忆构建。有的时候，这些记忆盘旋在我们四周，塑造了一块抵御当下的盾牌，使得我们无精打采，期盼回到熟悉的环境中。

这块盾牌的名字就是怀旧[3]。怀旧怀念的或许是个人经历，也可能是影响了社会文化的共同历史经历。从翻拍几十年前的老电影，到政治家以往昔时光作为卖点进行游说，人们不断地被问到这个问题："还记得那个时候吗？"

不过，怀旧并不仅仅是一连串记忆，而是组成个体身份认同的认知过程、偏见、情绪及社会机制的复杂交互[4]。《怪奇物语》逼真地再现了 20 世纪 80 年代美国中部小镇的青少年文化，配以极具时代特征的音乐，体现了怀旧本身。更重要的是，这部电视剧将怀旧、怀旧的起因及其功能贯穿在了人物和情节之中。

一切都在你的脑海里

虽然怀旧定义几经修改，但一般而言，学者将怀旧定义为一种由对特定人物、地点或时间的记忆引起的苦乐参半的情感状态[5]。怀旧行为既会激活正面感受，也会触发负面感受。我们可能会在同一时间里，既渴望与过去重新建立联结，也希望逃避过去。怀旧在自传体记忆（autobiographical memory，对个人亲历事件的记忆）中起着重要作用。在大多数情况下，能勾起我们怀旧思绪的记忆往往是正面的[6]，这些记忆与反复入侵大脑的负面记忆有所不同（这些记忆或许预示着抑郁症[7]），与闪光灯记忆（flashbulb memories）具有一些相似之处。闪光灯记忆指对出乎意料的、引发了强烈情感的事件的鲜明记忆，比如 2001 年的 911 事件[8]。虽然在萨特勒采石场中发现的尸体不是威尔，但乔纳森无疑会对在停尸间揭露尸体身份的那一刻产生闪光灯记忆。他将不断地在那具错误的尸体上"看到"弟弟的脸[9]，画面因那一瞬间产生的强烈情感而异常清晰。

和闪光灯记忆一样，怀旧记忆也由强烈情感推动，因此在编码（encoding，记忆形成）及提取（retrieval，记忆被唤回到意识中）阶段都将更为持久。霍金斯实验室的欧文斯博士及其团队发现，当威尔回忆起躲在颠倒世界中的经历时，大脑的旁边缘系统及边缘系统十分活跃。虽然电视剧对扫描大脑的过程进行了风格化润色，但他们对威尔的记忆的说法是正确的[10]。具体来说，怀旧会调动大脑的海马体（hippocampus，形成记忆的核心区域）及杏仁核（amygdala，调节情绪的核心区域）[11]。再加上前额叶皮质，这些人体结构使得我们能够回忆起丰富多彩的往日时光，仿佛穿越到了过去，虽然我们的"时空之旅"不如十一的那般生动与不可思议。

踏上怀旧之旅，需要记忆才可成行

回忆起过去时会五味杂陈，这或许是人体的一种适应性功能。怀旧有益于身心健康，可以延缓与衰老相关的认知衰退[12]。这是为什么呢？在脑海中再次经历自己的过去，有助于我们不断更新身份认同感，使之更加准确[13]。建立诚实的自体表征（self-representation），能让我们以务实的态度看待过去，并调整对未来的期待。要想知道未来将去向何方，就必须知道自己是谁，以及自己从哪里来。然而，在领悟自我感（sense of self）之前，这种不断进化的身份认同感难以真正形成。人们往往会忘记婴儿时期的直接经验，这种现象被称作婴儿期遗忘（infantile amnesia），并惯于通过旁人的描述及图片来构建自身的早期生活[14]。青春期个体会设法建立身份认同感，避免产生角色困惑，即感到无法融入群体[15]。逐渐发育的语言技能加上身体发育期的狂风暴雨（the storm-and-stress of puberty）[16]，剧中的少年主角产生了微妙且强烈的情感，引发了观众的共鸣。《怪奇物语》让观众回忆起了记忆隆起时期（reminiscence bump，介于 10 至 30 岁之间，这个时期形成了延续至成年晚期的自体性格）产生的强烈记忆，因此能与剧中人物感同身受[17]。学校举办舞会时，尚未从鲍勃的悲惨身亡中恢复过来的乔伊斯和霍珀在停车场抽烟，回忆起他们在高中时也曾这么做过[18]。记忆隆起时期的回忆能保护我们免受当下的伤害。

《怪奇物语》每一集刻画的关键性人生转折让许多观众产生了一种观看人物传记的感觉。虽然剧中角色性格各不相同，但他们的故事线均围绕着一系列典型的人生事件——即人生脚本（life script）——展开[19]。人生脚本反映了社会共同的文化经历，包括从幼儿至成人这一路上的重大发育里程碑。观众与角色共有的经历可作为回忆的记忆坐标。看着角色们渐渐成长，在痛苦中寻找自我，我们也重温了自己的过去。第一季重点刻画了"龙与地下城"小分队的成长故事。迈克是地下城主，也是团队中的领导人物。在迈克的指引下，几个充满好奇心的机智男孩了解了自己是谁，以及如何融入社会[20]。在第一季中，他们是遭受霸凌的边缘人物。到了第二季，他们穿着媲美戏服的捉鬼敢死队服装出现在学校里，还能够管理自己的尴尬情绪[21]。再到后来，他们不再抗拒"书呆子"的标签，这是卢卡斯的妹妹埃丽卡反复用于嘲笑他们的称呼[22]。

《怪奇物语》不仅展现了角色的身份认同发展，也促使我们跟随角色一同回忆，陪伴他们探索青少年发育的重要十字路口：亲密感与孤独感的碰撞（intimacy versus isolation）[23]。在这个社会心理学阶段，青少年会寻求亲密感，也可能是浪漫关系，以进一步确认自身的独立地位。观众目睹了迈克和十一交换初吻[24]；见证了达斯汀放下自尊，借助巨大的业余无线电为苏茜高歌电影《大魔域》（*The NeverEnding Story*）的主题曲[25]；也看到了卢卡斯鼓起勇气邀请麦克斯共舞[26]。威尔没有发展出浪漫关系，走上了另外一条路：朋友们与旁人建立了亲密联结，而他没能做到同样的事情，仍像童年时那样对"龙与地下城"抱有巨大热情，穿着巫师服装沉浸在战役之中。朋友们则渐行渐远，与威尔踏上了不一样的成长道路[27]。

游走在幼儿期与成年期之间的微妙境地时，年龄稍长的南茜与史蒂夫也经历了变化。一开始，南茜没能抵御校园风云人物史蒂夫的魅力及其法拉头发型。她一反常态，开始探索这段新的浪漫关系。芭比注意到，南茜喜欢上史蒂夫后，似乎变得更加独立自主，不再是从前的她了。因此芭比在泳池派对上对南茜说："这不是你。"[28]浪漫火苗熄灭后，南茜与史蒂夫需要重新找到自己。两人都投身于工作，他们的工作也反映了他们不同的性格特点。南茜在当地报社工作，坚持自己的主张，尝试打破职场天花板；而史蒂夫则在一份不是他自己选择的兼职工作中苦苦挣扎，"我连理工学院都没考上，我那混蛋老爸想给我长长教训。"[29] 或许史蒂夫的爸爸正如他所想的那般冷漠无情，又或许，他认为这份兼职工作能让史蒂夫找到生活的意义，习得他在高中时没能学会的技能。

难以抗拒这种感觉

不仅个体会怀旧，文化进程也会受到怀旧的影响。社会文化会有意识地将某一事物定义为"经典的"或"老套的"吗？如果是最近出现的事物，我们才会说它过时了；如果是无比老旧的事物，则它与所有活着的人都不再具有紧密联系。音乐产业的专家早已发现了十年循环规律。这个循环决定了哪些事物是流行的以及在什么时间流行，并会与更广泛的文化事件及趋势相互影响[30]。循环以"流行"阶段为起点，这一阶段充斥着大量为人熟知的、乐观向上的传统主题。厌倦了这些耳熟能详的事物后，人们便开始向往新奇及与众不同的东西，这便催生了"极端"阶段，实验性及猎奇的文化产品占据主流。在十年循环中，许多独特及标志性的文化事件都发生在极端阶段。不过，人们同样会对这种风格感到厌倦。这个时候，循环便进入了"低迷"阶段，文化产品在经历危机后开始变得忧郁深沉（也就是怀旧）。随后，人们又开始渴望熟悉的事物，这预示着循环将再次开启。这种情况一般发生在每个十年的中期。《怪奇物语》首播于 2016 年，正是 21 世纪第二个十年的早期怀旧情绪的体现。这部电视剧抚平了美国社会的焦虑，包括政治不确定性及存在主义威胁，比如气候变化与恐怖主义。

记忆的颠倒世界

　　和个体心理构成（psychological makeup）的各个方面一样，怀旧中也存在着一个颠倒世界：这是一个黑暗领域，不谨慎之人可能会被囚禁其中，甚至被吞噬。怀旧（nostalgia）一词由 17 世纪瑞士医生约翰内斯·霍弗（Johannes Hofer）创造，他将它列为临床术语，指代"因渴望返回故乡而产生的悲伤情绪"[31]。讽刺的是，他用了两个希腊语词根，notos（归家）及 algos（疼痛），创造了这个词语，揭示了西方文化与其古典根源之间的感情联结[32]。怀旧的黑暗面不仅会让个体产生如今被大多数人称作"乡愁"的感受，还会让个体患上严重的心理障碍，无法应对当下的不确定性。为了逃避女儿逝世及婚姻破裂的创伤，霍珀局长回到了家乡霍金斯。这个小镇与镇上居民对他而言十分亲切，具有正向意义，犹如一条厚重的毛毯，为他抵御了印第安纳州的寒冷冬天。但是，毯子不能为他保暖一辈子。霍珀在写给十一的信中承认："事实是，我已经不知道感受为何物很久了。我一直被困在一个地方。你可以把这个地方叫作山洞，一个深不见底的漆黑山洞。"[33]

　　早期精神分析学家的研究重心在于深层符号，这些符号驱动了昏暗的潜意识中的思绪及行为。对于他们来说，怀旧就像各国神话中常见的"失落天堂"的原型[34]。怀旧打造的不是《圣经》中的亚特兰蒂斯或伊甸园，而是个体从未拥有过的理想过去。现实与理想间毫无重叠之处，个体会因失去从未拥有过的东西而充满怨恨。十一在第二季中的经历体现了这一点：她曾饱受布伦纳博士的折磨，她的真实记忆是可怕的[35]。这些记忆侵入了她当前的思绪，使得她无法正常生活。为了应对这些记忆，她开始寻找她从未接触过的妈妈，以获得一种"自己是正常人"的感受[36]。可惜的是，寻找妈妈的旅程以一系列可怕的发现告终，这使得十一与凯莉那一伙人建立起了更为畸形的关系[37]。消除这些矛盾感受的唯一办法是拥抱新的朋友及现在，这样才能拥抱未来[38]。

20 世纪中期的心理学家威利斯·麦卡恩（Willis McCann）以科学视角探索怀旧，研究了大学生的思乡之情（仅从这一群体中取样也是完全合适的，这种例子并不常见）。通过分析问卷及访谈结果，他将怀旧症状分为了四大类：有害的生理感觉、抑郁、未被满足的渴望，以及无法通过除回家外的任何方式缓解的思乡之情[39]。成绩优良及 / 或在课余活动中建立了稳定同伴关系的学生，对这种疾病具有免疫力。而较为孤僻及未在学业上取得成就的学生则容易受到怀旧思绪的侵扰。麦卡恩将这些感受归类为一种自主的战斗或逃跑神经系统反应，体现在对过往环境具有不健康情感依赖的个体身上。也就是说，怀旧会把我们的记忆变成一种毒品。夺心魔轻松地掌控了比利、多丽丝·德里斯科尔（Doris Driscoll）及霍金斯镇其他感到孤独的居民[40]。这不是一个巧合，这样的人更容易被囚禁在舒适的回忆中。在那里，他们还能感受到爱，也不像如今一样一事无成。与这类感受的源头分开，个体会表现出重度戒断症状，比如多丽丝。她对急救人员大声尖叫，请求他们让她回到夺心魔以超能力构建的虚假怀抱中[41]。总而言之，个体能通过回到渴望的处境来满足怀旧欲望，但这么做也可能会愈加上瘾。

渴望归属

怀旧代表的只是我们记忆及情感过程中的黑暗面吗？古希腊享乐主义哲学家伊壁鸠鲁（Epicurus）认为："所有能带来愉悦感的事物，都必须有节制地享受。"[42] 现代学者强调，怀旧对于治疗焦虑（过度担心自己无法控制当下及未来）及痴呆（随着年龄增长而产生的认知功能全面受损及记忆丧失）具有临床意义[43]。临床心理学家将此种治疗技术称作怀旧疗法，比如让痴呆患者专注于与自身高度相关的珍贵回忆，从而增进他们对自身身份的理解。虽然比利在现实世界中被夺心魔控制，但他最珍贵的记忆却没有受到怪物侵扰。具有超能力的十一唤起了比利最珍视的回忆——与妈妈一起冲浪，让他看到了自己内心善良的一面，从而扰乱了夺心魔对比利的控制[44]。

幸运的是，大多数人都没有被夺心魔掌控，无论夺心魔指的是来自异次元颠倒世界的怪物，还是摧毁性的神经系统退化。实际上，所有人都能从间或的怀旧幻想中获益。有的时候，我们会陷入存在主义的忧愁情绪，为什么不利用最美好的过往经历与感受走出困境呢？

大多数人平均每周会怀旧三次。怀旧具有疗愈性能，能帮助度过了困难时期的个体增强自我感 [45]，也能让个体与他人的社交关系更为紧密 [46]。威尔和十一离开霍金斯，翻开了人生新篇章，他们想必也利用了怀旧的这些功效 [47]。在情绪与自传体记忆的相互作用下，威尔与十一的自我感将会加强，他们之间的联结也将愈加稳固。威尔与十一都曾受到过难以理解的力量的影响，这是他们独有的遭遇，因此也只有他们能够理解彼此的感受。无论未来发生什么，威尔和十一都将相互支持。如果将这些经历透露给信任的新朋友，那么他们与新朋友也会变得更加亲密 [48]。

投下怀旧导弹！

怀旧不仅会对个体及文化幸福感产生巨大影响（无论好坏）。对于迫切想通过潜在顾客的情绪来赚钱的公司而言，怀旧也是一个利器。为了把普通产品或服务变得与众不同，品牌会使用诸如"是妈妈的味道！"的广告语，利用我们最私密的记忆，让我们乖乖交钱。市场营销研究学者以"施加魔力"（enchantment）一词来指代上述行为 [49]。在一个文化陷于低迷期的社会中，怀旧是最没有施法门槛的咒语。难怪一个尝试制作原创内容的流媒体平台会拍摄《怪奇物语》这样一部电视剧：背景设定在最大的受众群体之一（人至中年的 70 后）的童年时代，阵容包括薇诺娜·瑞德（Winona Ryder）、肖恩·奥斯汀（Sean Austin）及其他一众在 80 年代成名的演员。许多 X 世代观众如今已生儿育女，他们的孩子或许会为了了解父母而观看这部电视剧。虽然年纪较轻的观众对那个年代没有个人记忆，但该剧的主线剧情及视觉呈现都十分典型，触发了观众的无根怀旧（rootless nostalgia），即通过唤起情绪、传承经验来传播文化历史 [50]。或许下一部大热怀旧剧集的受众将是出生在 1980 年至"主角们初遇颠倒世界的那一年"间的人们。

不要关闭大门！

记忆会通过各种方式让我们渴望归属，而怀旧这个古老概念涵盖了记忆运用的一切方式，永远不会消失。虽然历史上有学者将怀旧视作一种妨碍个人成长的疾病，但现代学者将其视为记忆及情感过程的即时特征，能够增强我们的身份认同及社交关系。没有了怀旧，我们将不再是我们自己。这就是为什么《怪奇物语》的吸引力如此之大。无论年龄大小，人们总是愿意回到生活更加单纯的年代。周末与朋友一同享受冒险时光，只需投一投骰子就能实现。除了《怪奇物语》，怀旧电视剧还有许多，包括《欢乐时光》（*Happy Days*）、《懵懂年代》（*The Wonder Years*）以及《70 年代秀》（*That' 70s Show*）。它们让我们想起了从前的经历及憧憬，并告诉我们能在哪里找到未来的方向。

唐·R.韦瑟福德

　　博士，圣安东尼奥得克萨斯农工大学心理学副
教授。研究方向包括认知心理学、人脸识别，以及
应用与基础理论层面的信息处理。她是美国实验
心理学会成员，任职于传播委员会。在《认知研
究：原则与含义》（ *Cognitive Research : Principles &
Implications* ）、《应用认知心理学》（ *Applied
Cognitive Psychology* ）及《创造性行为期刊》
（ *Journal of Creative Behavior* ）上均发表有原创研究
论文。

威廉·布莱克·埃里克森

　　博士，圣安东尼奥得克萨斯农工大学助理教
授。研究方向包括人脸识别及目击记忆。任职于
《心理学、犯罪与法律》（ *Psychology，Crime，&
Law* ）期刊编辑委员会，在《应用认知心理学》
（ *Applied Cognitive Psychology* ）、《科学与正义》
（ *Science & Justice* ）及《警察与犯罪心理学期刊》
（ *Journal of Police and Criminal Psychology* ）上均发
表有作品。

11

奇异感觉

探索默里·鲍曼的宏大阴谋

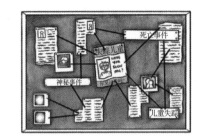

比利·圣胡安

"你觉得我有那么好骗吗？"

——麦克斯·梅菲尔德[1]

"再怎么相信也不能把非事实变成事实。"

——怀疑论者詹姆斯·兰迪（James Randi）[2]

"看得如此透彻，这是一种诅咒。"

——默里·鲍曼[3]

神秘莫测的信息，精心策划的诡计，密切的监视。登录互联网，他们在追踪你。转过街角，他们在注视你。他们知道你做过的所有事情，说过的所有话语，想过的所有念头。你尝试把这个情况告诉别人，任何人。但没有人理会你。你被无视了，甚至被嘲笑了！你看见了别人都看不见的东西，知道所有人都不知道的一件事情：真相。

默里·鲍曼是霍金斯镇的一名古怪访客，白天是记者，晚上是阴谋论者。为了防止"那个男人"发现他的下落，他谨慎得不得了。他的住处就像一座堡垒，外面环绕着栅栏和铁丝网。要想进入他家，必须对着摄像头说出自己的全名，直到他满意为止。若觉得来者不善，默里会毫不犹豫地端起双管猎枪[4]。

在探寻真相的道路上，默里不是一个人。把点连成线的强烈欲望是人类天性。但有的时候，阴谋是不成立的，理论也是不成立的。

至少在霍金斯镇是这样。

人类天性

虽然说起阴谋论，我们会想起神秘莫测的地下组织以及穿着西装、戴着墨镜的特工，但其实阴谋论并不是现代产物。这种信念不仅在近一个世纪成为社会的一部分，在罗马帝国及古希腊的神话中也有记载[5]。而且，阴谋论不仅是西方文化所独有的，东欧、亚洲、中东、亚马孙部落以及非洲乡村地区都有相关记述[6]。古往今来，人们总担心自己的生活会被心肠歹毒的黑暗势力操控。人类脑海中本就有不少阴谋诡计，这大概就是为什么人们普遍相信世界上存在着一个恶势力组织。默里当初选择成为一名揭露阴谋的记者，所有曾想过解释神秘事件的人们或许都能理解他的选择。毕竟，许多人都持有同一个幻想，即政府可能会掩盖真相。

认知因素

人类大脑天生便是用于探测模式的，随时准备把点连成线，无论模式是否真的存在。因此，阴谋信念受到了一系列认知（精神）过程及因素的影响[7]。其中一个因素是反射型开放心态（reflexive open-mindedness）与反思型开放心态（reflective open-mindedness）之间的差别[8]。反射型开放心态指开放地接受新的信息及经历。而反思型开放心态（又称主动型开放心态）除了开放地接受新信息外，还会对它们进行批判分析。默里和许多阴谋论者一样，对新信息十分开放。然而，他并不会细心检验信息，而会将信息置入他对事件的先存概念中，即将信息同化（assimilate）为自己已有的思维模式（图式，schema），而非改变图式去顺应（accommodate）新信息[9]。这或许解释了为什么默里的事件时间线是错误的，南茜·惠勒便指出了这一点[10]。只要与他心中的前苏联入侵阴谋论略有联系的新信息，都会被他塞入先存观点范式，而没有被单独检验。

这种反射型开放心态或许和求知欲、好奇心有些类似，但更看重直觉而非理性思考[11]。默里不但跟随直觉调查事件，还喜欢凭直觉给他人的情感关系下判断。当看到南茜和乔纳森[12]及霍珀和乔伊斯[13]之间的火花时，他就是这么做的。默里因能够读懂他们的心思而陶醉不已，并沾沾自喜地认为自己看得比他们都清楚[14]。

主动反思新信息，这是阴谋论信念的一个方面。同时，我们也会无意识地挑选接收到的新信息。人类天生倾向于寻求并保留符合先存假设的信息，并忽略那些质疑了这些假设的信息。这种现象被称作确认偏差（confirmation bias）[15]。当一个想法或认知缺少信息时，人类大脑便会尝试使用在先前经验中得到的知识信息来填补空白。随着时间流逝，这些暂时的假设变得越来越难以丢弃，无论多少反向证据都无法改变我们的想法[16]。默里孜孜不倦地筛查了霍金斯奇异事件的"200条线索"，尝试将它们串联起来，包括大块头超市员工称一个女孩"用意念"打碎了玻璃门，以及有人声称泰德·惠勒（Ted Wheeler）[I]的地下室中住着"一个光头前苏联女孩"[18]。这些事件在默里的世界中都是正确的。他将这些信息整合在一起，得出了芭比失踪事件的结论：她被前苏联人绑架了，有可能还被杀害了。默里认为前苏联人入侵了霍金斯小镇。虽然没有证据，但他依然信心十足地

I　剧中人物，南茜和迈克的爸爸。——译注

向当地警方表达了担忧。剧中后来确实出现了前苏联人，但这仅是巧合而已。

还有许多其他认知变量也在阴谋论的形成中起到重要作用。默里思维中经常出现的一个认知因素是控制错觉（illusory control）。他生活在冷战年代，那时的美国人普遍担忧前苏联人会入侵美国，颠覆美国政权。追捕前苏联间谍，揭露前苏联的入侵计划，通过上述行为，默里感到自己能对控制范围之外的国际形势施加一定的控制或影响。面对高度复杂的全球社会政治事件，个体会产生无助感。部分学者提出，阴谋论可以帮助个体管理这种感受[19]。如果默里揭露了前苏联入侵霍金斯的秘密计划，又或是找到了前苏联具有超能力的"超级武器"，那么他将不再那么容易被无法控制的元素影响。他将能够掌控自身处境，因觉得有能力不再焦虑。

社会因素

相信阴谋论，这么做的个人收益或许大于社会收益。毕竟，霍金斯居民都因为默里的想法而取笑他。一名警官嘲讽默里："默里，有外星人的证据了吗？那些你用屁股调查出来的外星人？"[20]有的时候，持有阴谋论观点的个体会遭到大家嘲笑，而这种负面社会反应或许会让个体开始厌恶阴谋论。那么，这些阴谋理论究竟是如何在社会文化情境中传播的呢？

影响阴谋论的一大社会因素是内群体 / 外群体效应（ingroup/
outgroup effect）。社会心理学家认为，人类倾向于将他人分为两类：
和自己同属一个群体的（内群体），以及和自己不属于同一群体的
（外群体）。内群体成员与我们更为相似，我们对他们的评价会更高。
相反，外群体成员不仅和我们有所不同，而且还与其他外群体成员更
为相似[21]。默里明确地将南茜划入了自己的内群体，并强调他们二人
与其他人之间存在差异。默里告诉南茜："那些人的脑子和你我的不
一样，知道吗？他们不会浪费时间去探寻帘子背后有什么。他们喜欢
帘子。帘子让他们感到安稳、舒适、黑白分明。"[22]

部分学者相信，阴谋论是一种防御机制。当个体所属群体遭遇
威胁时，阴谋论便会形成。对群体具有最强烈的防御情绪的个体可
能会采用阴谋论来解释群体的劣势，无论这些劣势是真实的、夸大
的还是想象出来的[23]。这种现象与集体自恋（collective narcissism）有
关，即个体相信自身所属的群体没有得到足够的理解与赏识[24]。默
里认为自己的洞察力及天赋没有得到重视，冷嘲热讽地回应了霍珀
的批评。他问霍珀他的俄语翻译服务是否"不够到位"[25]。对于默
里而言，不被赏识已形成了一种常态。进入警察局时，他遭到了嘲
讽，而后他的主张又被霍珀无视[26]。这些遭遇都强化了这一常态。
霍金斯居民一而再、再而三地取笑默里的调查行为，因此他断定社
会大众"喜欢帘子"。阴谋论者坚信自己较他人更具洞察力、更为
优越，并对阴谋论愈加深信不疑，而不会任由他人通过嘲讽撕扯自
己的自尊心[27]。不过，这些感受往往会出现在过度补偿的低自尊者
身上[28]。

精神障碍

如果相信阴谋论只是一个孤立特征，日常功能没有因此而严重受损，则默里不需要接受临床检查。霍金斯的居民和访客有权拥有独特的怪癖和可爱的特质。但是，如果这种生活（住在设有监控的堡垒中，使用收音机监听政府的秘密通讯）对默里造成了负面影响，那么他就有可能是一名患有精神障碍的偏执男性。默里的古怪行为或许由以下两类精神障碍引起：精神病性障碍（psychotic disorder）或人格障碍（personality disorder）。

精神病性障碍

精神病性障碍是精神障碍的一种，患者会严重脱离现实，症状包括妄想、产生幻觉、思维或言语错乱、行为严重紊乱，以及阴性症状（negative symptoms，指行为缺乏某些要素，比如几乎不动或言语不连贯）。就默里而言，妄想指即便知晓相反证据但依然坚信某些信念[29]。妄想有多种类型，部分类型的症状与阴谋论者的表现相符。

被害妄想（persecutory delusions）指患者相信自己会被某一实体

伤害或骚扰。该实体可以是个人，也可以是机构，比如政府。夸大妄想（grandiose delusions）指患者不切实际地相信自己非同寻常（超出了他们的实际能力或重要性），比如认为自己天赋异禀，洞察独到，发现了无人理解的真相。躯体妄想（somatic delusions）指患者对身体抱有不真实的想法，比如认为自己被安装了芯片，或是器官被人摘除。荒谬怪异的妄想（bizarre delusions）更为极端，指完全不可能为真的信念，包括思维插入（thought insertion，认为有实体将思维植入了自己的脑海）与思维被夺（thought withdrawal，认为有实体移除了自己的思维）[30]。默里在家中设置了多种安保措施，认为自己会因为探查了政府的阴谋诡计而被（或将被）政府抓捕。这都体现了他的被害妄想。他也表现出了夸大妄想的倾向，坚信自己知晓了政府及军方的巨大阴谋，而社会上的其他民众只懂得躲开这些邪恶计谋，避免舒适无知的生活受到打扰。

了解了妄想在精神健康语境中的含义后，让我们一起来看一看，默里持有阴谋信念的行为是否符合精神障碍的诊断标准。一项实证研究发现，精神病性妄想与阴谋论之间存在一个重要区别：妄想信念多关于自身，且仅有患者本人会抱有妄想[31]。而阴谋信念专注于外界，受社会驱动，重点在于道德优越感及社交支持。本质上来说，妄想是典型的个体现象，而阴谋论则更有可能是群体现象。此外，默里的阴谋信念似乎并未直接影响他的日常功能。他有工作，没有因为深信阴谋论而受到负面影响。

如果说默里没有患上精神病性障碍，那么该如何解释他的独特行为呢？

人格障碍

"你既不聪明，又不特别。你只是给我打电话的众多蠢蛋之一。你能和我发生的最亲密的互动，就是听到这则预录留言。请在听到哔声以后，帮我个忙，挂掉电话，再也别打来了。你这个寄生虫！"

——默里·鲍曼的语音信箱留言[32]

人格障碍指会对个体功能造成损害的"内在经验与行为"模式，自"青春期或成年早期"开始，具有弥散性及持久性[33]。大部分精神障碍的发作只会持续一段时间，而人格障碍正如名字所示，根植于天性之中，会对个体的日常生活、人际交往及其他功能方面造成影响。默里的人际关系显然受到了影响。他在密林中打造了一处与世隔绝的堡垒，他极为多疑，曾用猎枪指着陌生人，并使用仪器扫描对方（可能是盖革计数器或金属探测器）[34]。他的行为偏离了霍金斯镇及社会的行为规范，或许表明他患有人格障碍。

当个体表现出根深蒂固的、持续的、弥散的人格特征，功能受损且终身生活受到影响时，这或许就是人格障碍在作祟。古怪（偏离中心的）是默里的核心人格特征。如果要说他的表现符合哪一种人格障碍，那么可能是 A 类人格障碍。这一类人格障碍的共同特点便是古怪及反常[35]。

内部分裂

分裂样（schizoid）一词的词根与精神分裂症（schizophrenia）及精神分裂症样（schizophreniform）的词根一致，来自希腊语词汇 skhizein，意思是"分裂"（与更为常见的英语单词 schism 同义）。分裂样指与精神分裂症类似，但未满足该疾病诊断标准的一系列症状，更为持久且会影响生活的更多方面。分裂样人格障碍（schizoid personality disorder）与精神分裂症的类似之处主要在于患者社交功能受损，正如默里那样。

分裂样人格障碍

分裂样人格障碍患者的特征是，倾向于独自活动，不渴望情感亲密关系，对与他人发生性行为缺乏兴趣，很少或没有活动能使其愉悦，对批评及赞美都十分淡漠。总体而言，患者在情感上是疏离的[36]。在被卷入霍金斯小镇的一系列事件之前，默里未曾表露过情感上或肢体上的亲密感。他独自居住在密林中的堡垒内，说明他对获取这类人际关系并不感兴趣。

虽然默里展现了分裂样人格障碍的部分倾向，但他似乎尚未达到诊断标准。在对抗颠倒世界的过程中，默里和霍金斯镇的居民发展出了友好关系，甚至还为阿列克谢充当了指引者的角色。他们在一场嘉年华活动中玩得非常开心，展现了亲密的情感联结。阿列克谢被谋害后，默里十分悲痛。二人之间的情感联结在这一刻得到了突显，表明默里在死去的战友身上感受到了亲密感。

分裂型人格障碍

或许默里的症状更符合分裂型人格障碍（schizotypal personality disorder）。与分裂样人格障碍类似，分裂型人格障碍患者与正常人的区别在于"认知或知觉失调，具有古怪行为及信念"[37]。患者具有牵连观念（ideas of reference），即将不同事件错误地理解为对自身具有特殊意义。还会表现出与亚文化规范不符的古怪观念，比如沉迷于超自然现象或阴谋论。知觉或许会发生变化，罔顾事实。认知特点为思维或言语古怪，比如说出没头没尾或含糊不清的话语。患者会表现出明显的猜疑或偏执，对当前情境的情感表达是受限的或不恰当的。行为或外表古怪反常。分裂型人格障碍患者通常除一级亲属外没有亲密关系，每时每刻都经历着社交焦虑。

默里显然符合上述多个标准。他持有古怪的信念，比如痴迷于寻找外星人，并因而遭到了霍金斯居民嘲笑。他显然热衷于钻研阴谋论，表现出了高度偏执。不过，虽然默里的情感表达十分古怪，但就他所处的境况而言倒也并非不合适。同样地，他虽然不修边幅，外表奇异，但还没有到人人谈论的地步。或许，另一人格障碍（相较于分裂型或分裂样，此类人格障碍的特质更偏向偏执）能够更好地解释默里的古怪行为。

偏执型人格障碍

与"精神分裂"一样，"偏执"（paranoid）也时常被用于描述个体的古怪行为或信念，是一个贬义词。许多人在口语中会使用这个词语来形容高度警觉或惧怕无关紧要的小事的个体。但对于心理学家而言，这个词语指的是没有现实基础或证据的强烈不信任感及怀疑。如果个体在多个诊断方面都表现出了极端偏执，症状持续终身，且没有其他类精神病性障碍症状，那么该个体或许符合偏执型人格障碍（paranoid personality disorder）。

偏执型人格障碍患者具有多种症状[38]。无端猜疑他人会剥削、故意伤害及欺骗自己，是他们核心人格的长期组成部分。患者在各个方面都不愿信任他人，若依然有人愿意与他们做朋友，那么他们对朋友的忠诚度及可信度的不合理怀疑将会摧毁友谊。患者会扭曲善意的观点，将它们视作威胁。由于认知扭曲，他们会产生怨恨并长久地怀有这种情绪。当认为他人在攻击自己的人格时，他们会迅速反应，往往会作出回击。

乍一看，默里独特的行事作风似乎符合偏执型人格障碍，毕竟这种人格障碍就是以偏执命名的。然而进一步审视诊断标准后，我们会发现他在霍金斯事件中的行为与这一人格障碍并不相符。他与同伴渐渐建立起了稳固且值得信任的关系。在没有重大临床干预的情况下，人格障碍模式会持续终身，渗透于生活的方方面面。虽然默里十分多疑，但他也开始将生命托付给朋友。他跟随霍珀进入敌人巢穴（一处地下军事基地），帮助他完成了任务。后来还陪伴乔伊斯攻入了敌方领地（一座苏联监狱），协助她拯救了霍珀[39]。偏执型人格障碍患者不会做到如此地步，反而会怀疑同伴是否忠诚。

真相

阴谋论者与精神障碍患者具有诸多相似症状，尤其是妄想。默里的堡垒与世隔绝，里面还摆放着钉满了线索的软木板。这让我们倾向于把这个男人视作一个未经治疗的重度精神病性障碍患者或人格障碍患者。但是，或许还有其他因素可以解释默里的独特行事风格。他或许在寻找真相的旅途中找到了意义。他跻身成为精英圈中的一员，通过业余无线电以密语交流。作为抵抗组织中的重要成员，他认为这个身份具有意义。这一切满足了他的归属需求。与霍金斯镇的居民建立了亲密关系后，他才转而从他们身上汲取这种归属感。

最后，默里对阴谋论的追求或许可以用他身上的一个关键要素来解释：默里也是人。

比利·圣胡安

于×××的×××取得了心理学博士学位。他曾为"流行文化心理学"系列丛书及×××贡献内容。他也曾为×××贡献了×××及×××。他与×××及×××生活在×××。[1]

12

在我们称为恐惧的状态下的羞耻、生存及创伤处理

本杰明·A.斯托弗　　　　　特拉维斯·兰利

"我们曾经认为，来访者的症状及行为反映的主要是他们的心理防御机制……然而我们现在知道，这些症状其实是大脑与躯体本能的生存反应。"

——心理治疗师 / 作家雅尼娜·费希尔（Janina Fisher）[1]

"用火球打它！"

——卢卡斯·辛克莱[2]

英雄故事、漫画书、桌面角色扮演游戏、童年装扮游戏及其他冒险幻想故事，这些事物让人们有机会在躯体安全的情况下，在脑海中演练自己的生存技巧[3]。对于儿童及成年人来说，在相对安全的地方演练面对危险时的反应是生存游戏中的重要部分，有助于发展"资源记忆"（resource memories）。这些记忆将在日后变为有用的心理资源，能够提振个体情绪。而在本文语境下，这些记忆的内容是：采取哪些做法才能更具自己喜爱的角色的风范，以及面对危险时希望自己作何感受。危险降临时，人们需要采取行动。英雄主义研究学者认为，心理预演（mental rehearsal）是帮助人们做好行动准备的最重要因素之一。英雄想象（hcroic imagination）能让未来的英雄做好准备[4]。故事、游戏及运动提供了可控情境，让人们能够体验身体在恐惧面前作出的本能反应。由此，个体将能熟悉并信任自己面临威胁时本能想出的解决方案。在运动和装扮游戏中，世界各地的孩子都能通过模仿喜爱的英雄来了解自身能力[5]。

做梦、做白日梦、看电影、阅读小说时，大脑的大部分区域都是活跃的，仿佛我们真的在做想象中的活动。对于大脑的这些区域而言，想象就是一种刺激[6]。研究表明，积极处理虚构故事时，个体的同理心、诚信度、换位思考能力及社交技巧都会有所提升。代入英雄角色，在脑海中预演遇到类似情况或象征性的相关情况该如何行动，这么做能让我们在遇到未知事件时不那么恐惧并具有力量。不过，在一段精心编纂的故事中遇见无所不能的英雄也有不利的方面。英雄故事会与儿童的"无懈可击的错觉"（illusion of invulnerability）相互作用，使得他们无视自身的经验等级、任务难度及危险程度，认为自己理应能够想出应对危机的最佳办法，带领团队走向胜利。在《怪奇物语》中，那几个将自己视作"团队成员"的孩子便在此类信念的引领下投入了战斗，对抗各类"黑暗势力"，包括霸凌者、父母、两国政府的影子特工、跨维度怪物以及维克那等。他们期待自己能像"龙与地下城"中的游戏角色一样战无不胜。

剧中主角希望自己能像最喜欢的角色一样应对危机，但却忽略了一个事实：大脑天生的首要任务是生存。陷入危险时，我们倾向于依据本能作出反应，而非逻辑。当判定危险出现时，大脑就仿佛开启了开关，将能量从理性中心（前额叶皮质）输送往反应中心（原始边缘系统中负责基础动力及情绪的区域，比如杏仁核）。同样地，在科幻小说中的星际飞船上，队员也会切断巡航能量，从而将能量传送给"防护装置"。做好心理准备，像最喜欢的英雄角色一样应战，这能让个体将危险情境的可怕属性抛在脑后。为了生存而战的那个自己也是令人恐惧的。人们不会自豪地讲述丧亲及侥幸存活的经历。这些经历会让个体产生难以化解的感受（比如为了存活而被迫做了某些事情或没能做成某些事情，个体会因而感到愧疚和羞耻），且这些感受还会在日后被其他事件激活。

维克那热衷于猎捕那些被羞耻感及内疚感困扰的人们，那些饱受"幸存者内疚"（survivor guilt，因他人死去但自己幸存而责怪自己，无论这种责怪是否有逻辑基础）折磨、陷入了反事实思维（不断回想要是过去的既定事实能够改变就好了，详见第七章）泥潭的人们[8]。麦克斯在继兄比利的墓碑前倾诉，希望他能听见她的话语。她发现自己的大脑一直在反复回放比利死亡的那个场景，不断反刍，希望可以改变结局。"我一直在脑海中回放那一刻。有的时候，我会想象我奔向了你，把你拉开。"麦克斯还会幻想和比利成为好朋友，即使她知道这个愿望并不现实。"好朋友，就像亲兄妹一样。"麦克斯生出这个想法后，立刻遭到了维克那的第一次袭击。维克那尝试以杀害其他人的方式杀害麦克斯，仿佛内疚感与脱离了现实的扭曲愿望会让他改写现实的魔力更加强大[9]。

因存活而感到内疚的个体仿佛推开了一扇大门，而门后是又长又黑的阴森走廊。麦克斯后悔没能和比利友好相处，但同时却在回避朋友，这两种做法似乎是矛盾的。实际上，她认为自己不再配得到她憧憬的人际关系，担心朋友会因为她而受到伤害。隔离自己成为麦克斯的防御反应，因为她懂得了"独立才能更强大"。有的时候，一个简单的故事、游戏，镜子中的倒影或是一首歌曲，就能打破个体强加在自己身上的羞耻循环，让他们想起自己是谁以及生活中更重要的事情，并拉他们一把，帮助他们跑出黑暗，回到朋友身边。幸存者内疚会让个体更不愿意独存于世，而对他人不会造成直接伤害的新的生存经历或许有助于个体打破内疚枷锁。

生存

在冒险之旅早期，团队成员便迅速理解了对抗真实怪物与看着说明书玩游戏不是一回事。为了生存而采取的必要行为会永久地改变个体。

斯科特·克拉克认为："所有生物，从单细胞有机体到复杂的哺乳动物，面对危险时都会作出本能反应。把细菌暴露在有毒的化学物质中，它们会逃跑或者采取其他防御机制。我们人类也是一样的。遇到危险时，我们的心会怦怦跳，手心开始出汗。这些都是一种生理及情绪状态的标志，这种状态我们称为恐惧。"[10]

人类大脑的首要任务是生存，就连繁殖也可以说是为了物种生存。因为神经系统的这项重要任务，人类配备了一个能自动触发的威胁反应系统，即交感神经系统（sympathetic nervous system），负责准备及调度各类生理变化。而身体能够利用这些变化来应对危险（包括感知的危险及实际的危险）[11]。当暗夜中冲出一头怪物，威尔和芭比等角色并没有停下来思考该作何感受[12]。神经系统唤起了情绪的第一反应。肾上腺释放激素，触发全身反应，包括外在的与内在的：瞳孔扩大，心率提升，反应能力提高，血液更多地流向肌肉与重要器官，呼吸加速（甚至会达到换气过度的程度）等。激素还会抑制令身体分神的反应，比如消化和饥饿[13]。

史蒂夫常常受伤，因为他一次又一次地第一个冲入危险境地，担负起了战士角色。他承受了攻击，别人就无须受伤了。他在废旧汽车停车场与魔狗作斗争[14]，这一幕展现了他的核心能力因交感神经激活而发生的变化。史蒂夫本以为只有一只魔狗，不料却遇到了四只。为了保护孩子们逃出生天，他迅速从冷嘲热讽的指引者转换为了英勇战士，展现了更灵敏的感官意识及反应能力。他调用运动天赋，干净利落地棒打魔狗。随后翻上小轿车前盖，接着又冲回了巴士。在这一过程中，史蒂夫的力量、敏捷性及跑动能力都超出了日常水平[15]。

大脑一旦认为当前境况会危及生命，便会自动选择最佳方案以应对威胁，并进入战斗或逃跑模式（fight-or-flight）。多层迷走神经理论（polyvagal theory）认为，这是大脑自动作出的反应，而非有意识的选择。这一过程被称作神经觉（neuroception）。当神经系统认为环境中存在威胁时[16]，神经觉便会关闭我们的"人类"大脑，启动更为原始的"蜥蜴"大脑。发现威胁后，大脑会确认威胁是否真的存在，以及前额叶皮质的物理反应是否增多（此举是为了确认身体是否真的遇到了危险）。确认危险后，交感神经系统便会启动，将大量肾上腺素倾入躯体，并进入战斗或逃跑模式，直到警报解除[17]。

虽然人体面对危险时的反应在传统上称作战斗或逃跑，但实际上主要有四种反应，分别为战斗、逃跑、冻结（freeze）及讨好（fawn）[18]。

- 进入了战斗模式的大脑犹如进入了狂暴状态的野蛮人，这一模式能让个体做好准备冲入危险境地，发起进攻，以及感知到较少的疼痛。比如十一第一次对抗魔王；霍珀与犹如终结者的前苏联人殊死搏斗，后又勇敢地对抗了魔王；以及比利试图和所有人都打一架[19]。
- 逃跑相当于现实生活中的"撤离行动"，即以最快的速度逃离危险。作出逃跑反应的个体倾向于无视这一行为的可能后果，比如将队友抛下，或是在逃离时受到袭击。魔王袭击芭比时，她本能地、不顾一切地想要逃跑[20]。
- 冻结反应意味着个体无法行动，无论是真的无法动弹，装死，希望不被发现，接受了自己必死的事实，还是失去了意识。如今，越来越多的研究学者将这一系列反应称作"战斗—逃跑—冻结"[21]。当魔王袭击霍金斯实验室中的士兵或前苏联监狱中的守卫与囚犯时，有的人作出了反击，有的人尝试逃跑，还有的人站在原地瑟瑟发抖，动弹不得[22]。

● 部分学者还新添了一个反应[23]——讨好，旨在让对方开心，安抚对方情绪。选择讨好的个体会尝试施展魅力诱惑折磨者，唤起对方的人性，假意或真心地顺从对方，从而让他停止攻击。比如麦克斯曾尝试平息继兄比利的怒火[24]，以及阿列克谢尝试与默里、霍珀及乔伊斯建立友好关系[25]。

危险尚未降临时，我们无法预料自己会作出什么反应，或会如何应对危机。"在'龙与地下城'以外的世界中，我不是英雄。"地狱火俱乐部部长埃迪·曼森依据自己面对异世界危险时的反应，评估了自身应对威胁的方式，得出了这个结论。"看到危险我会转身就跑，至少我在这个星期就是这么做的。"[26]埃迪还指出，看似温柔的南茜·惠勒会为了拯救他人而毫不犹豫地冲入危险境地。卢卡斯·辛克莱的妹妹埃丽卡大胆断言他们一行人或许会落入陷阱。随后他们意外发现，自己身处的房间竟然是一部电梯。当危险真的来临时，就连自以为是、勇敢无畏的埃丽卡也被吓得一动也不敢动。她睁大了双眼，不再虚张声势，并再一次小声说道："陷阱……"[27]不过这三个人物也展现了任何人都不能被单一反应模式所定义，因为他们都曾作出过"战斗—逃跑—冻结—讨好"中的一些反应。虽然埃丽卡遇到陷阱时动弹不得，但她也会逃离袭击者。在迫不得已时，她甚至选择了反击[28]。角色反应是会发生变化的。

为了行使上述动能，大脑或许会摆脱道德、同理心、怀疑及其他可能触发抑制作用的心理功能。比如乔伊斯在某些时候就不得不放下她那温和疗愈的待人方式，做出她一般不会做的、更具攻击性的举动。通常来说，乔伊斯肯定不会让威尔冒着生命危险承受高温。但为了直面威尔体内的夺心魔，将它驱赶出来，她必须脱离慈爱母亲的角色，把这一部分从自己内心分离出去。乔伊斯关闭了母亲模式，开启了驱魔师模式，脸部表情及肢体语言也变得冷酷严厉。同样的事情还发生在她关闭钥匙机器（虽然这么做很可能会让霍珀丧命），终结了星庭商场一役的时候[29]。由于要牺牲霍珀，乔伊斯必须将其部分核心价值观分离出去，这样才能采取必要行动，从而终结危机。在这种情况下，个体会产生羞耻情绪及幸存者内疚，使得消化这一事件的过程变得更加复杂[30]。

解离

为了生存，大脑具备解离（dissociate）能力，即暂时屏蔽与当前处境的紧急需求无关的意识方面[31]，包括自我感、时间、现实、记忆、思绪及感受。这么做能让处于危险的个体挣脱内部抑制因素的束缚，比如怀疑、内疚及羞耻，否则个体行为将会被这些因素掌控。心理行业的部分从业人员及研究学者进一步划分了人格核心功能，并使用"内在组成部分"（inner parts）或更简单的"组成部分"（parts）来形容它们，从而帮助来访者辨认自身意识的不同方面都有哪些不同功能[32]。这些组成部分包括人格中未受创伤的部分，可以实现工作、打垒球、做晚餐及其他日常功能；以及人格中的生存部分，当我们需要这些部分完成核心自我无法做到的事情时，它们便会挺身而出，接管大脑。

用"龙与地下城"的游戏术语来说，通过解离及其他选择性的自我表现，我们的意识会分裂出一支完整的突袭小队，利用每一种职业的独特技能构建出当前境况所需要的组合。这支突袭小队会无视内部地下城主的警告，比如"你们选择的道路不会成功"。以往的后卫角色将会冲锋陷阵。鲍勃·纽比自己也承认，他从来不是一个敢于冒险的人，似乎还厌恶风险。他是一名智者，与战士霍珀完全不一样。霍珀是受过训练、上过战场的退伍老兵，懂得如何在战斗中控制自己的身体。而鲍勃毫无应对危险的经验，比不上霍珀、十一及凯莉，甚至连剧中的其他孩子也不如。因此，他无法依靠肌肉记忆或下意识的反应来执行逃命的心理脚本。他也没有可参考的过往成功经历，无法用经验来应对当前局面。

鲍勃小时候曾在噩梦中反抗过小丑，这是他能说出来的最勇敢的事情[33]。他就是部分游戏玩家口中的"小黏黏"。这是一个辅助职业，具备有用的技能，但不擅于使用武器，也无法从战斗中顺利脱身[34]。不过，当意识到唯有自己能打开实验室的门时，鲍勃便将核心自我解离了出去，他的这个部分是永远不会冲入全是怪物的大楼里的。鲍勃开启了"超人部分"，将"大概率无法活下来"的想法推出了思绪之外，并运用 BASIC 编程语言打开了实验室的门，拯救了大家[35]。

十一从一个想和朋友待在一起的脆弱孩子，迅速转变为了无所畏惧的坚强战士。这一幕告诉我们，个体心灵的"组成部分"可以根据不同需要采取完全不同的行为。像十一这样遭受过长期创伤的个体，其发生解离的可能性比没有受过创伤的个体要高得多[36]。十一的过往经历使得她能够快速地、自发地开启防御机制，比生活相对优越的迈克及其他成员都要快。她很清楚这不是一场游戏。需要立刻消除威胁时，她能从脆弱的核心自我模式飞快转换为强硬的守护者模式，而此时其他成员往往还在犹豫不决，不知道该怎么做。有的时候，十一的"战士部分"会做出惊天壮举，比如运用念力移动火车、折断敌人的脖子等。而有的时候，她的"战斗反应"也会像一个不愿接受处罚的叛逆青少年，会因为嫉妒而把和暗恋对象打闹的女孩推倒在地，或是不再理睬违反了神圣规矩——"朋友不会撒谎"——的男朋友[37]。

遇到危急情况时，其他角色也会启动人格中的不同组成部分。与夺心魔对峙时，威尔启用了战斗反应，大叫着让怪物滚开。但当夺心魔开始入侵他的身体，他改而选择了冻结反应，站在原地无法动弹，眼睁睁地看着自己被怪物占有[38]。达斯汀遇上麻烦事时，往往依赖讨好反应来操纵、鼓励及诱惑他人完成他需要的事情。比如他通过撒娇及提供虚假信息说服了妈妈让他独自待在家里；与史蒂夫在火车轨道上散步时和他建立了兄弟关系；以及在隧道中利用三剑客巧克力棒收买了成年的达达（Dart）[I]，让它放过他们一行人[39]。有一次情况实在危急，达斯汀克服了羞耻，不再担心歌声被大家听见，开始讨好苏茜并屈从于她。他人格中的"吟游诗人部分"放声歌唱，与苏茜来了一段史诗般的《大魔域》[40]主题曲二重唱，好让苏茜告诉他普朗克常数是多少[41]。

羞耻

当觉得或被迫觉得自己犯错了的时候，个体便会感到羞耻。在这种状态下，个体会产生耻辱感及强烈的负面感受。羞耻是一种非常强大的负面状态，以至于许多人会不顾一切地逃避羞耻。逃避羞耻有多种方式，我们将它统称作"羞耻指南针"（compass of shame），主要包括四个方向：两个为攻击（攻击他人或攻击自己），两个为逃跑（退缩或回避）[42]。

与芭比父母共进晚餐及后来参加派对时，南茜和史蒂夫展现了上述所有逃避羞耻的方式。南茜因保守着芭比身亡的秘密而心情沉重，当她希望梳理自身的内疚情绪时，史蒂夫却鼓励她回避这些感受，和他一样假装什么都不知道。霍兰夫妇讨论起要卖掉房子，好雇用阴谋论者默里·鲍曼来调查女儿的死，史蒂夫却让南茜好好享用面前的

I　达达是一只魔狗，小的时候被达斯汀捡回家抚养。——译注

肯德基大餐[43]。将芭比的死亡真相告诉霍兰夫妇，他们就不会失去房子。史蒂夫因为没有这么做而感到羞耻，但他却压抑了这种感受。晚餐过程中，南茜独自前往卫生间。回想起与芭比的最后一次对话，她深陷内疚与羞耻的泥潭，非常自责[44]。后来史蒂夫承认，他担心如果不保持沉默，就会被能源部特工盯上，因此才没有说出真相。因为害怕，他干脆鼓励南茜"假装成愚蠢的青少年"并忘记一切[45]。南茜试图通过解离来逃避羞耻，于是参加了派对，但未能假装成愚蠢的青少年。做真实的自己时，她无法享受派对乐趣，便将"攻击"及"回避"策略融合在了一起。她给自己灌了许多酒（回避模式）。史蒂夫发现后，尝试阻止她继续喝酒，但她又进入了攻击模式，开始攻击史蒂夫[46]。

个体在幼儿时期就已懂得羞耻会造成社会影响[47]。儿童知道，某些行为造成的后果会持续至即时互动结束之后，还可能会决定他们在他人心目中的形象以及能否被同伴及家人接纳。羞耻是一种强大的负面情绪，能够限制我们的行为，让我们遵循群体的社会规范[48]。对于《怪奇物语》中的孩子们来说，不幸的是，在20世纪80年代中期，霸凌是被广泛接受的社会规范[49]。大家不会为了纠正霸凌者的恶劣行为而羞辱他们，反而会主动或被动地鼓励他们。这强化了霸凌者的霸凌行为，使得他们能够继续为非作歹。人类是群居动物，依赖合作生存。被逐出部落的个体在自然界中的存活概率十分渺茫。因此，按照部落可接受的方式行事，这或许出于我们的生存本能[50]。

剧中的几个男孩创立了自己的部落及规矩，从而获得归属感，相互保护，一致对抗镇上的霸凌者。这或许就是为什么他们会以如此具有仪式感的方式将十一纳为团队一员，以及为什么他们会如此严格地遵守团队规矩 [51]。

乔伊斯启动了她的"组成部分"来克服面对社会羞耻时的反应。初登场的她温顺柔和，表现出了与羞耻感及低自尊一致的服从性及社交退缩行为。发现孩子遇到危险后，她的战斗部分被激活，不再在意别人怎么看她。她启动了"熊妈妈"模式，意志坚定，不可阻挡，决心动用一切力量让一开始毫不上心的霍珀局长认真对待威尔失踪案件 [52]。疼痛存在是为了传告危险，与驱动力及情绪具有相同功能。身体受到厌恶刺激时，疼痛能迅速改变身体的反应，这个过程被称作状态变更。威尔失踪后，乔伊斯陷入了巨大的痛苦。她对此的反应是，在任何情况下都不再温文尔雅，变得严厉果决，好让他人满足自己的需求。因缺钱而要求老板预付工资并提供一部新的电话；因霍珀没有将威尔的失踪案件放在心上而大骂霍珀，这都体现了乔伊斯的状态变更 [53]。

感到羞耻时，个体通常会表现出以下情感反应：低头躲避，眼睛看向下方，脸红，神志不清，更严重的甚至会出现定向障碍 [54]。乔纳森躲在史蒂夫家的草丛中，偷拍了参加派对的史蒂夫、南茜和芭比的照片。被史蒂夫质问时，乔纳森表现出了上述所有特征。他感到羞耻，觉得自己被恶霸包围，而这些恶霸还扬言要摧毁他最宝贵的财物。这个威胁严重得足以使他的意识发生改变，进入生存模式。羞耻没有激活乔纳森的战斗部分，反而触发了他的冻结反应。他僵在原地，低着头，目光闪躲，连一句为自己辩解的话语都说不清楚 [55]。

处理创伤

按照医学诊断标准，创伤指让个体产生强烈恐惧的事件，比如直接或间接地遭受身体伤害、性暴力或死亡威胁[56]，创伤的形式多于大众认知。一名研究学者将创伤分为"大创伤"（Big T Trauma）及"小创伤"（little t trauma）。前者由上述威胁生命的事件造成，后者则由未达到致命程度的其他痛苦事件造成。两种创伤都会促使个体产生羞耻感，对自身或世界的看法发生改变，生活质量长期受到影响[57]。创伤经历包括被分手、被解雇以及在公共场合遭遇尴尬，诸如在职场被鄙视，或是在全校同学面前尿裤子[58]。创伤是相对的，会对一个人造成创伤的事件未必会对另外一个人造成创伤。《怪奇物语》的角色既经历了大创伤又经历了小创伤。评估一起事件是否会对个体造成创伤，需考量个体的当下感受及其多年后的感受。遭受过创伤的个体或会长期感到不安全[59]，即使没有遇见致命危险也会有如此感受，以致会将创伤反应储存至神经系统中。遭受情感霸凌，失去社会地位或社交支持，在公众场合遭遇尴尬，这些事件都足以对个体造成创伤，尤其对于儿童而言。

在《怪奇物语》中，霍金斯镇的居民从始至终一直在遭遇危险。为了在和人类怪物及异世界怪物的斗争中生存下来，剧中角色必须忘记他们过去是谁，成为不一样的自己。但是，当他们打败怪物，回到了核心自我后，又将发生什么呢？治疗师雅尼娜·费希尔写道："在危险情况下，大脑天生的物理结构及负责不同功能的独立左右半球构造有助于左脑与右脑断联。"[60] 她强调，前额叶皮质联结的是负责分析的左脑，而非负责生存及作出反应的右脑[61]。也就是说，为了激活生存部分，大脑需由一个整体分裂为两个独立但又同时运转的半球，以不一样的方式去经历事件。危机结束后，大脑必须对储存在理性及感性两个半球中的信息进行加工，将它们重新整合。

在生死攸关的情境下，比如当异世界怪物、前苏联士兵入侵小镇商场及小镇时，我们或许没有时间、也没有必要去仔细思考每一个决定。我们需要在紧要关头凭借直觉作出反应。为了实现这一点，大脑需要快速且顺畅地拿到记忆中储存的所有信息，从而应对当前威胁。为了运用我们从已知的类似情况中得到的有效信息（无论是亲身经历、旁人转述，还是虚构经验），大脑或许会通过解离来解除理性核心自我设下的阻碍，同时激活生存部分。这些部分能够完成核心自我无法做到的事情。乔伊斯关闭钥匙机器时，想到霍珀可能会因此而死去，便停下了手中动作。这也是为什么，她必须把这个自己分离出去一段足够长的时间，才能完成她必须完成的事情[62]。

接下来会发生什么

英雄故事的重点大多在于胜利者的荣耀，但却忽略了一个事实：要想消灭怪物，往往需要完成许多可怕的事情。《怪奇物语》中的角色在旅途中多次面临了可怕的境况。当怪物都被打败，生活回到正轨后，他们每一个人都需要付出巨大努力，才能消化曾经经历过的恐怖事件。他们或许可以寻求专业帮助，以应对丧系及生活中的永久性改变。他们还需克服羞耻，理解"本应怎么做"和"实际做了什么"之间存在差距，并与此和解。

有的时候，未经处理的记忆会让个体反复回放可怕经历及与此相关的所有信息。在心理上重历过去事件，尝试找到能让所有人都安全、快乐或活下来的完美办法，这会让个体疲惫不堪。反事实幻想，"如果这没有发生就好了"，会助长个体的抑郁情绪，因为过去是无法改变的[63]。麦克斯最喜欢的歌曲讲述的是一个不可能实现的愿望。她因这首歌而得以活命。此外她提醒自己，这首歌对于她的自我感十分重要，这也使得她远离了消耗性的内疚怪物，重新与关心她的人建立了联结，更好地留在了人世间[64]。现实生活与英雄故事不一样，没有经过精心编纂，也不一定会有"主角毫发无伤"的大团圆结局。不过也正因如此，生活中的胜利才更加珍贵。

现实中的生死攸关场景往往混乱无序，能否幸存就取决于转瞬之间的本能反应，根本没有时间仔细思考。为了活命，创伤幸存者在人生的至暗时刻会作出无意识的身体反应。他们会受到这些决定的影响，感到羞耻。而治疗师能够帮助他们应对羞耻，走出创伤。

本杰明·A. 斯托弗

　　文学硕士，持有执照的临床专业心理咨询师。在位于伊利诺伊州芝加哥市的"热忱的心"心理咨询中心担任临床总监，并为芝加哥警察局提供临床心理治疗服务。临床主攻方向为创伤、悲痛情绪及心境障碍。他创立了一档与心理学及电影相关的播客节目《爆米花心理学》（*Popcorn Psychology*），也是联合主持人之一。曾数次参与研讨会，是多个流行文化播客节目及博客的客座内容贡献者。

特拉维斯·兰利

　　博士，本书编者。个人简历请见本书最后一页。

疗愈

—— 第 五 章 ——

13

《怪奇物语》的
第一集

从开头中能学到什么

威廉·夏普　　　　凯文·卢　　　特别贡献：格蕾塔·卡路泽维休特

"我喜欢把作家训练为分析师。他们似乎本能地知道如何建立一段关系。"

——精神分析学家菲莉丝·梅多（Phyllis Meadow）[1]

"我航行在好奇心的海洋上，需要船桨才能前进。"

——达斯汀·亨德森[2]

小的时候，或许有人告诉过你：不要以书的封面来评判一本书

（Not to judge a book by its cover[1]）。既然有这么一句俗语提醒我们不要这么做，说明这种做法十分常见。但是俗语没有告诉我们，为什么不应该这么做。"不要以书的封面来评判一本书，不然会错过许多"，这么说或许更为有效。与患者第一次接触时，精神分析师就已经开始收集患者的信息了。伊芙琳·利格纳（Evelyn Liegner）是纽约的一名现代精神分析师，她详细说明了患者子人格"出现"（打个比方）的多种方式，比如会出现在患者的行为中、思维链中，以及靠近或远离部分感受的动作中[3]。通过收集来访者的相关信息，治疗师便能大体勾勒出访谈对象的模样，类似于警察用粉笔描出犯罪现场。优秀的虚构作品也是如此。这样我们就能理解为什么部分影视剧，比如《怪奇物语》，能立刻让观众进入剧中世界。

通过第一次访谈与观看电视剧的第一集，我们就能确定这是不是我们希望投入时间与精力的人与剧。在心理治疗中，患者与临床治疗师需要确定彼此是否适配。在电视剧方面，观众与主创团队也会尝试进行匹配。无论是治疗师与来访者，还是观众与主创团队，双方都是因某些重要议题而走到了一起，建立了关系。在治疗初期的第一次访谈及电视剧的第一集中，我们能够发现这些重要议题的诸多线索。但有的时候，我们只有在事后才能更好地理解这一点。而在过程中，好奇心能帮助我们维系治疗关系或是继续观看电视剧。如果没有了好奇心，治疗关系或将中断，观众也将弃剧。

我们想强调的是第一次访谈的重要性。临床上有一个假设：第一

I　中文通常翻译为"不能以貌取人"，但此处直译似乎更合适。——译者注

次访谈包含了治疗师需要了解的关于患者的所有信息，但治疗师尚没有能力去理解这些信息。他们还没能学会患者潜意识的独特语言，只有在事后回顾时才能懂得患者当初的意思。事情肯定会变得"奇异"（比如活现、投射、移情等患者在治疗过程中会做的一切举动），只有在这之后，我们才能理解那些在第一次访谈中呈现的信息。在治疗过程中，治疗师会看到许多内容与事物。而《怪奇物语》每一季的第一集都很好地体现了这些内容与事物。通过对这一点的深入探究，我们将从精神分析的角度解读《怪奇物语》，也将从《怪奇物语》的角度解读精神分析。

第一季第一集
"威尔·拜尔斯消失不见"
（The Vanishing of Will Byers）[4]

《怪奇物语》第一季一开场便出现了一道钢质门。我们那时还不知道，这道门是为了囚禁某些东西，还是为了抵御某些东西。一个穿着实验室白大褂的男人似乎在躲避什么，他尝试坐上电梯逃跑，却遭到了来自电梯上方的袭击。由此，该剧的基调便已定下：剧中会出现极端危险的情景。随后场景变换，我们看到迈克、威尔、达斯汀和卢卡斯在玩具有象征意义的"龙与地下城"。地下城主迈克指出有东西要来了。达斯汀评论道："如果来的是魔王，那我们就完蛋了。"

一开始，他们以为来的不是魔王，还松了一口气。后来却惊讶地发现，来的就是魔王。威尔的游戏角色需作出选择：使用保护咒拯救自己，还是扔出火球攻打魔王。威尔选择了扔火球，即使这意味着他必须用 20 面骰掷出 13 或更大的数字。他没能成功，便向地下城主迈克承认："魔王抓到我了。"随后在现实世界中，魔王真的抓走了威尔。

同样地，即使还没有和患者进行第一次访谈，我们也能从与他们的第一次接触中知道自己将要面临什么[5]。患者时间自由吗，还是日程安排非常紧张（这是某种征兆），甚至连初始访谈的时间也抽不出来？这是否说明他们对治疗的积极性较弱，或是仍感到矛盾？换句话说，治疗师是否撞上了一道钢质门？和威尔·拜尔斯一样，患者需要作出的第一个选择是：是头也不回地跃入生活冲突，在治疗中探索自身问题，还是退回至安全地带，保护自己？从患者在治疗早期作出的破坏性行为中，我们也能获得一些信息。通常而言，患者需要输入密码才能进入治疗室。治疗机构会通过电话及电子邮件提前告知患者如何输入密码：先按井号键，再输入四位密码。然而，在治疗室中等候新患者的治疗师往往会对接到他们的电话有所预期，听着对方疯狂地大喊大叫或是沮丧地表示"进不来"，十有八九是因为忘记了先按井号键。这些活现行为都能透露患者的性格特征。很多时候，患者作出的第一个选择，比如尝试进门的方法，就非常能说明他们的性格。

治疗师一般会以这个问题作为起始点："这还有其他意思吗？"这个问题可以说是西格蒙德·弗洛伊德（Sigmund Freud）及卡尔·荣格（Carl Jung）两位精神分析学家对心理治疗（具体而言）及心理健

康（广义而言）作出的最卓越、最深远的贡献。

曾有一名患者在第一次访谈中随口提到，她年轻时的艺术导师对她说过："你技术精湛，但没有热情。"那时治疗师还不知道这句话有多么重要。这句无心的评论却贴切地总结了患者的生活问题。从技术角度而言，她的画作与雕塑作品均十分优秀，比例精确。但看过她作品的人却无法产生共鸣，丝毫感受不到这些作品中蕴含了任何感情。因此，患者难以找到工作，更别提晋升了。这个核心矛盾也体现在了她生活的其他方面。因为同样原因，她在第一次约会后就再难获得第二次或第三次约会。经历了一系列无果的初次约会后，患者给一名和她接触过一次的约会对象打了一个电话，询问对方为什么没有和她继续联系。对方的回答和患者在第一次访谈中提到的艺术导师的评价极为类似："我不知道你有兴趣和我再次约会。"

约会的时候，患者仿佛在完成任务：准时抵达，和对方寒暄一下，接受 AA 制付款。完成，完成，完成。但是她缺少感觉与热情，因此无法和对方建立联结。她在约会时竖起了一道钢质门保护自己，而约会对象则认为她对自己没有兴趣。来自上方的老一套思想袭击了这名患者，告诉她"你应该表现得更迷人"，或是"你不应该主动出击，不应该这么早就表现出你对对方有兴趣"。在需要深入洞察、与患者建立关系的治疗流派中，比如精神分析，大部分工作就在于倾听这些重复出现的冲突与问题。弗洛伊德发现，"谈话疗法"（talking cure）往往能引导来访者讲述生活中具有类似主题与冲突的故事。弗洛伊德将我们人格中的这种倾向称作"强迫性重复"（repetition compulsion）。在患者讲述的事件中，人物及场景或许有所不同，但究其核心，同样的冲突会反复出现。后来，其他研究学者在核心冲突关系法（core conflictual relationship method）[7]或更简明的关系轶事范式（relationship anecdotes paradigm）中，进一步研究并系统化了这一现象。这两种方法都需要学习倾听患者生活中不断浮现的主题，对于培养未来的治疗师具有宝贵价值。通过仔细倾听患者故事，治疗师往往能够获取需要知道的、关于未来事件的一切信息。

在《怪奇物语》中，霍珀问了一个问题，与投入深度治疗中的来访者最终会问的一个问题十分类似："这些日子以来，我一直在寻找威尔，但如果我追寻的其实是其他东西怎么办？"[8]患者往往会认为他们在尝试逃离或奔向某些外部事物，比如一个物品，这是他们的驱动力的目标所在。但是，我们却能从患者在访谈时透露的信息中发现，"这个东西"其实与他们认为的完全不一样，正如霍珀在第一季中意识到的那样。

一名患儿的父母声称，患儿在学校无法集中注意力，也不好好写作业，总是躁动不安，似乎一直处在过度刺激的状态。治疗师第一次与患儿访谈时，对方问出了一连串私人问题，让治疗师猝不及防。比如："你住的是独栋住宅还是平层？你一个人生活还是已经结婚了？你有孩子吗？你有在这间访谈室的沙发上睡过觉吗？你喜欢男人还是女人？"治疗师稍微平复心情后反问道："你猜这些问题的答案都是什么呢？"这个孩子的回答让我们看到了一个刺激因素过多的混乱家庭。经过一段时间，与患儿拉近一定距离后，治疗师意识到，对方遭受的过度刺激源自家庭生活而非校园生活。他帮助父母认识到，他们的孩子十分敏感，需要更有秩序、更为明晰的边界。这么做之后，患儿在家及学校遇到的问题均迎刃而解。

《怪奇物语》第一季的开头告诉我们，事情比我们眼见的要复杂许多。观众和治疗师一样，必须保持好奇心，持续探索，才能理解一切。所有行为或许都是在尝试传达某些信息。

第二季第一集
"疯狂麦克斯"（MADMAX）[9]

第二季的第一集展现了许多有趣细节。"要想除掉恶龙，必须使用神奇长剑。"街机游戏"龙穴历险记"（Dragon's Lair）中的达芙妮公主（Princess Daphne）如此建议玩家[10]。《怪奇物语》带领观众走入了游戏中的游戏，并以同样的方式让观众了解到了前苏联人的阴谋，这也是第三季的标志性剧情。这就好比在一场生死攸关的游戏中引入了一场政治游戏。在这一集里，比利和继妹麦克斯登场。观众还认识了乔伊斯的"短命"男友鲍勃，他最终被魔狗撕咬致死。角色之间的关系有的升温，有的降温。第一次访谈中会出现许多游戏中的游戏，精神分析师必须探究"通过建立联结来制造紧张"的驱动力以及"通过切断联结来缓解紧张"的驱动力。

"如果我能陪伴患者一同走过治疗的早期阶段，对他造成的刺激既不过度也不匮乏，那么这名患者将能顺利地进行情感交流。"一名治疗师写道[11]。当"边界"被越过，且需背负过重的防御压力时，我们的情感是死气沉沉的、尚未做好准备的。我们会进入战斗或逃跑模式，以奇异的方式在更加奇异的内在景观中寻找联结。达菲兄弟的怀旧电视剧让我们想起了与他人建立联结的过程中的固有痛苦。迈克妈妈让迈克收拾出两箱玩具送人，迈克十分不满。她的举动具有象征意义，要求迈克去除他对自己某一方面的认同感，而迈克还未做好这么做的准备。十一与魔王对战后的第 352 天，主角团队仍在悼念十一，盼望她能回来，渴望与她再一次建立联系。从颠倒世界侥幸逃生后，威尔被称作"僵尸男孩"，遭受了霸凌。我们可以推断他认同了这种"有毒的内投射"（toxic introject，即允许这种描述成为自身人格的一部分），因为他在画作中将自己画成了僵尸男孩的模样。由于接受了他人的看法，威尔无法以更完整的方式与形塑了自身性格的创伤经历建立联系。观众会目睹，个体的内部关系与外部关系对于心理健康是多么重要。

第二季第一集中最不可思议的情节是，霍珀竟然"为了保护十一"而将她藏在了自己家里。我们很快就能发现，十一的生活状况与她在实验室中（她在第一季里逃离了这座实验室）的遭遇十分相似。这个主题——将某人或某物囚禁起来——让我们回想起了第一季第一集中的那道钢质门。我们再次见证了强迫性重复的问题。荣格曾表示，若个体未能清晰意识到这类模式，这会造成危险，即对立张力（tension of opposites）。他写道：

心理学规则表明，若某一内部情境未能进入意识，则会以命运的形式在外部发生。换言之，当个体保持统一，没有意识到其内部的对立面时，世界必然会将此冲突表现出来，并将其撕裂为对立的两半[12]。

霍珀的行为告诉观众，就像患者的复杂情结及重复性动作会告诉治疗师一样，某些事情正在发生，但却没有被探索。霍珀囚禁了十一，用她替代自己死去的女儿（这或许也是病态自恋的征兆）。而十一也在经历她自身的自性化（individuation）过程，或称"成为"（becoming）的过程。在第一季中，十一用尽全力了解实验室外的新世界，她在这个世界里仿佛一个婴儿。而第二季的十一脱离了婴儿期，开始努力地成为自己。街机游戏"龙穴历险记"的达芙妮公主给出了"使用长剑"的建议，这让我们联想起攻击性在角色成长发育过程中的重要作用。十一和其他大部分角色都必须坚守自由意志，只有这样才能改变掌控着他们生活的毁灭性重复行为。在第一次访谈及电视剧的第一集中，我们不难发现，眼前的人物会通过关系来判断自己是谁，以及自己想成为什么样的人。他们是如何利用关系的？深究这个问题，我们便能获得一块跳板，更好地理解对方的表面问题及潜藏议题，这些都将对观众及个体治疗中的治疗师产生重大影响。

许多患者来到治疗室，希望能有奇迹发生。这不是他们自己生出的愿望，而是助人行业承诺能快速解决问题并营销"手册化治疗及短期治疗"导致的后果。心理治疗领域没有魔杖也没有神剑。人格形成于人生早期，随着年月流逝而日渐巩固。要想改变自我的核心方面，必须付出时间和努力，不可能不劳而获。因此，我们会倾向于陷在行不通的旧有模式中。弗洛伊德主张，强迫性重复是死本能（death instinct）的副产物，而死本能意在使有机体重回无张力状态 [13]。

弗洛伊德博物馆的一名教育家从"弗洛伊德最伟大的发现之一"中，恰如其分地捕捉到了人类对进步的抵抗："我们努力地追求不开心的状态，但开心的创伤却总会干扰我们。" [14] 即使获得了换一种方式处事的机会，我们也不会接受。我们会被困在重复的模式中。

细心的治疗师在治疗中会发现，患者会在同一个议题上作出不同尝试，但毫不意外地会得到他们极力避免的同一结果。曾有一名患者表示他憎恶爸爸，根本无法和对方相处，然而却一直住在父母家中。他赚得不少，钱不是问题。他用妈妈作借口来解释自己的行为："我要保护我妈妈，不让他伤害她。"但从患者透露的信息来看，我们却没有发现他的妈妈遭遇了危险，或是他有任何保护妈妈的行为。实际上，随着时间流逝，他的对立面渐渐浮现。面对成功的母亲、妻子及姐妹，家中男性在许多方面会感到被阉割。患者是僵化的、抗拒的，完全不愿考虑离开父亲生活，即使这么做似乎能解决他所倾诉的问题。一场游戏正在上演。就像霍珀"保护"十一一样，这名患者也为自己打造了一座监狱。他可以逃离，但他选择了待在那里。患者需要做的是，捍卫亲子关系以外的自己及身份认同感。如果治疗师尝试在这场游戏中打通关，为患者解决问题，那么就犯了一个临床错误。这么做会导致治疗关系陷入僵局，就像患者自身的处境一样——在"游戏中的游戏"中进入了死胡同。

第三季第一集
"苏茜，你收到了吗"
（Suzie，Do You Copy?）¹⁵

在第三季第一集的开头，我们看到颠倒世界的碎片、闪烁的光线及类似触角的根茎流入了我们的世界。与此同时，正向世界（姑且这么认为吧）的科学家正努力地在两个世界间钻出入口。只是他们用的不是触角，而是以机器射出电流冲击结界，使得正向世界的碎片也流入了颠倒世界。这幅景象应该会让你产生疑问：到底是谁在侵略谁？在这种情况下，谁是好人，谁是坏人？若要构建这个场景，荣格原型概念中的"阴影"（Shadow）极具启发意义。阴影可被定义为：我们时常投射至他人身上的自身性格中被遗弃的部分。到底是谁抱有邪恶目的，疯狂地想进入对方的世界？

剧中角色分成小组去搜寻不同线索时，他们的紧张和绝望显而易见。当然，他们最终总能再次团聚在一起，只是会用一整季的时间来实现这个目标，就像治疗师与来访者也必须应对团聚与离别的悲欢离合一样。基于实践的数据证明，虽然我们不知道颠倒世界在哪里，但是我们必须接受一个事实：除了我们自己，没有所谓的"他者"敌人¹⁶。我们每一个人都既是英雄又是恶人，既好也坏。我们都有自己的颠倒世界（或者说阴影）。我们极其渴望与他人建立联结，实现个人成长，要想作出能获得上述结果的选择，就必须直面并接受自己的颠倒世界。

在第三季中，每个角色都在寻找某些事物。十一和麦克斯在寻找比利；迈克和卢卡斯在寻找毁掉了秘密基地"拜尔斯城堡"的威尔；霍珀和乔伊斯在军事基地寻找"那个男人"；比利和海瑟（Heather）[I]在为魔王寻找下一顿食物；南茜和乔纳森在寻找变异的老鼠和德里斯科尔太太；达斯汀、史蒂夫和罗宾在寻找"邪恶的前苏联人"。搜寻具有重要意义，每一场搜寻间都具有象征性联系。

这些角色发展出了更深厚的亲密关系，从弗洛伊德理论的"潜伏期"进入了"生殖期"。脆弱也随之而来。他们开始关心谁和自己站在一边，谁又在和自己作对，心中充满了被兼并、被入侵的恐惧。至少在潜意识中，我们必须面对人际关系无可避免地丧失及终结。虽然以丁尼生（Tennyson）的诗句"爱过后失去好过从未爱过"[17]说服患者，这超出了治疗师的工作范围，但我们仍可以提出这种可能性。举个例子，在团体治疗中，治疗师或许会邀请患者表达对房间内另一名患者的情绪感受，但他们往往会无视这类指示。因为在自己和他人之间搭起桥梁，这对于许多人来说都是一件风险极大的事情。虽然有意愿与他人建立联结，但人们更愿意维持安全、孤独、隔离的状态。因此我们认为，正是这种"对在独自作战及团队协作间寻找平衡点的渴望"定义了该剧的情感基调。

在团体治疗及个体治疗中，患者都被给予了机会，去更好地理解

I　剧中人物，霍金斯社区泳池救生员，比利的同事。在第三季中与比利一样，被魔王附体。——译者注

自己。但当得到"将感受化为言语"的机会时，许多人却会迟疑。他们的敌人是他者："你这么对我，好像我是你的妈妈""我不知道该不该把真实感受说出来""我不想伤害任何人的感情，也不想被误会"。在团体治疗及生活中以虚假面具或假性自体（false self）示人，将难以拥有真实的人际联结。这种行为是对许多治疗小组的目标——开口说话——的一种抵抗。

在我们的团体治疗中，许多患者都会表示自己正在寻找某些事物，但同时却会在行为上有所克制，或在言语上有所隐瞒，无意识地表达了矛盾情绪。这种做法会使得其他患者不再能触达感受，甚至会在某种程度上"冲出房间"，导致联结断裂。许多团体治疗参与者都会对着另一名参与者侃侃而谈，仿佛身处一对一的访谈；同时却大声地"思考"该如何与其他人互动，主要是坐在团体圆圈中的人。这种行为清晰地表明，患者已离开了当前感受的"此时此地"，逃入了更加熟悉的理智化思绪的"彼时彼地"。那是他们自己的世界，与世隔绝。换句话说，那就是他们私人的颠倒世界。

在《怪奇物语》第三季中，角色们也都在寻找某些事物，或是独自搜寻，或是组队搜寻。团体治疗的参与者相信，他们的搜寻经历是独一无二的，只属于他们自己。但他终将意识到，这些搜寻经历具有普遍性。如果能够分享出来，则能与他人携手克服大多数困难。如果团体治疗成员愿意承担建立联结的风险，足够勇敢地暴露平日隐藏的自我部分，那么治疗师便有望通过团体治疗让患者渐渐领悟上述这则充满了希望的信息。

第四季第一集
"地狱火俱乐部"（The Hellfire Club）[18]

第四季第一集开场便提及了两个相关的议题：成员身份及归属感。谁是团队成员？谁不属于这个团队？谁有信息，谁又一无所知？从前文讨论过的前三季的第一集来看，我们可以猜测，第四季的主题是团队"内"的人们及团队"外"的人们。放在治疗关系中，这一对应关系可理解为说出的话语（访谈内）及隐瞒的信息（访谈外）。要想有所进展，区别这两者尤为重要。

第一集的第一幕回溯了 1979 年布伦纳博士的一天。那个早晨十分寻常，他读报，喝茶，玩填字游戏，然后前往霍金斯实验室，为关押在那里的超能力儿童授课。但是，这一天很快便"出了差错"。布伦纳博士让十号（Ten）"查看"[I]一下六号（Six）及另一名科学家所处的房间。"不好了，他们在尖叫。六号和埃莉斯医生（Dr. Ellis）死了。两个人都死了。"从这一刻开始，"平平无奇的""常规"一天不复存在。作为观众的我们被迫直面了隐藏在"常规"之下的"真相"与"谎言"。换句话说，我们不得不挖掘得更深一点，揭露掩藏在表面之下的谎言。

患者来到治疗室寻求帮助，但坦承情绪和真相并不容易。他们来寻求帮助，却又立刻开始抗拒，这么做似乎并不能达到求助的目的。

I   十号可运用超能力看到其他空间内的景象。——译注

然而，这正是弗洛伊德为理解人类心理作出的最大贡献之一。来到咨询室的患者既想保护自己（一直戴着为了掩盖脆弱而打造的人格面具 [Persona]），又想表达出隐藏在内心最深处的黑暗部分（承认自身的阴影，以此实现自我发展），他们是矛盾的。这些黑暗部分往往是个体感到羞耻及内疚的想法，会在他们的颠倒世界中露出马脚。我们还从患者的表现中发现，这些隐藏元素会融入他们的意识，服务于人格的拓展。埃迪·曼森就是一个恰当的例子。他一开始是一个胆小懦弱的男生。而在颠倒世界中，他直面了（内心的）恶魔及胆怯，牺牲了自己，成为一名真正的领袖。"这一次我没有逃跑，对吗？"咽下最后一口气前，他对达斯汀这么说道 [19]。

十一写给迈克的信中全是"虚假信息"。她声称自己在加州过得很好，交到了新的朋友。她还将其他人也带入了她编织的谎言中。她说威尔在画画，还说"可能是要送给某个女孩的吧"。十一知道威尔有了意中人，但却懒得问问是谁，虽然威尔大概率也不会说出真相。乔纳森在吸"土里长出来的健康植物，但不能告诉妈妈"。十一的名字（简）甚至不是她真正的名字，至少她不认为自己叫简。只有团队以外的人才这么叫她。史蒂夫·哈灵顿在寻觅真爱，探寻爱情除了性以外的意义。同时，他也在设法隐藏自己对南茜历久弥坚的感情。罗宾喜欢上了一个人，一个她认为——至少从表面上来看——自己无法得到的人。每当有人问南茜和乔纳森他们关系如何时，他们便会尝试定义这段关系，或是闭口不谈并编出谎言。"真相"与"谎言"间的矛盾一触即发。

让这一季的第一集更为精彩的是，其中竟然出现了"心理咨询"

的情节。第一集作为序曲，拉开了迄今为止最具治疗导向的一季的帷幕。麦克斯找心理咨询师谈心，不出意料地撒了谎，说她在咨询室以外的时间里过得不错。所有维克那的受害者，克丽茜（Chrissy）、弗雷德（Fred）、帕特里克（Patrick）及麦克斯，都经历过与死亡相关的创伤事件，表现出了创伤后应激障碍症状。从心理学角度而言，维克那就是这些受害者选择无视的创伤经历的外在表现。"受害者"没有直面创伤，也没有寻找方法与创伤和平相处，反而选择了无视，潜抑了自己的情绪。换句话说，应被发泄及表达出来的却被隐藏在了里面。因此，创伤在潜意识世界（颠倒世界）中不断壮大，变得十分危险，并具备了自主权。人格结构（霍金斯镇）因而被撕裂。第四季探索的议题是：我们隐藏的"内心怪物"找到了"大门"，从意识的裂痕中"逃了出来"，对我们的"正常"生活造成了巨大破坏。维克那完美代表了尚未解决的创伤及复杂情结，它们凝聚在阴影最可怕的方面的周围。

麦克斯与其他三名受害者有所不同，她或许还能够挣脱维克那无情的魔掌，拯救自己的"灵魂"。她给至亲好友写了信件，与朋友重新建立了联结（尤其是卢卡斯），还在内心与比利达成了和解。无论在字面意义上还是在象征意义上，她都与"上帝做了一笔交易"：她恢复了与内心的上帝或原型"自性"（Self）的联结，从而将自己从内心的绝望及过于严苛的超我中解救了出来[21]。

妮娜计划中的"妮娜"指的是一个封闭的水缸（类似于治疗师的咨询室），用于帮助十一（及患者）唤起被潜抑的记忆及未被感觉的感觉。为了避免面对自身的"真相"，我们会设置障碍和沟壑。而当十一需要恢复超能力时，这个水缸就成为她克服这些障碍与沟壑的隐喻。在重燃超能力的艰苦过程中，十一和她的"爸爸"——过去生活中的父亲角色——重逢，这么安排十分合适。十一为什么失去了超能力，又将如何恢复超能力？该剧以精神分析的语言解释了这两个问题。十一必须：（1）回忆过去的创伤，即霍金斯实验室中的大屠杀，以及霸凌事件触发的情感内涵；（2）在父亲角色/治疗师及其广博如"图书馆"般的知识的帮助下，提取关于创伤事件的记忆；（3）不仅要"看到"过去，还要充分地"再次经历"；（4）对抗自身抗拒创伤、遗忘创伤的想法。这一切都发生在名为妮娜的（治疗性）容器中。布伦纳表示，十一想要遗忘，这其实是"一种防御机制，保护它（大脑）免受痛苦记忆及创伤经历的伤害。很久以前，（她）便埋葬了这些记忆。"布伦纳还认为，十一看到的关于血的支离破碎的幻象，"与另一段记忆有关。这一段记忆更加强大，从你（十一）的潜意识中入侵"。布伦纳继续说道："你心中住着恶魔，十一，来自过去的恶魔。这就是为什么我们必须小心行事，一步一步来。一次只回忆一段记忆。如果操之过急，我担心你会迷失在黑暗之中。"[23] 布伦纳和山姆·欧文斯（Sam Owens）博士为十一设计的恢复超能力的过程，本质上就是一个治疗过程。名为妮娜的治疗性容器为十一提供了安全空间，让她能够回到过去，重温过往经历，并在父亲/治疗师的帮助下，将过往经历整合至当下，从而点燃未来的希望。

要想真正理解本季的第一集，关键在于理解克丽茜死亡之前的两段片段是如何交织在一起的。篮球锦标赛赛场上，队长想要持球，但在哨声响起之前，是卢卡斯·辛克莱投出了最后一球。另一边，达斯汀没能用20面骰掷出理想数字，进攻失败，是卢卡斯的妹妹埃丽卡掷出了最后一骰。无论在电视剧还是在访谈中，当我们遇到众多关于"真与假"的问题时，总会感到紧张焦虑。谁是敌人，谁是战友？治疗师和我是同盟吗？在合适的情况下，或是从另一个角度去看，敌人 [比如德米特里（Dmitri）[1]和尤里（Yuri）[II]] 是否也能成为朋友？在治疗中，不要太过心急，要保持好奇心，永远质疑我们对确定性及具体的"最终"答案的倾向，这么做十分有益。

关于开头的结论

开头或许确实包含了我们需要知道的一切信息，无论是关于治疗中的患者，还是关于电视剧中的角色。仔细倾听便能预测故事情节的发展，加深对故事的理解。然而，治疗师并不具备解码一切信息的必要工具，而观众在剧集一开始时也并不明白，所有信息是如何整合在一起的。成功的治疗和受欢迎的剧集一样，都需要参与者保持开放心态，对接下来会发生什么事情感到好奇。在潜意识中起

I　　剧中人物，前苏联监狱中的狱警，帮助霍珀越狱。——译注

II　　剧中人物，德米特里找来帮助霍珀越狱的人。——译注

着作用的动力并不仅仅是我们所独有的。这些动力还在个体、群体及社会层面运作。我们并非受到了他人的袭击，比如前苏联人或魔王，而是处于由自己一手建造的监狱中。我们以为敌人在外部，但其实它们就住在我们内心。我们必须将它们整合，才能作为一个整体去生活。我们可以耍很多花招来避免意识到这一点，但如果希望实现荣格所说的"自性化"，那就必须整合自身的未知方面，从而提升对自我的觉察，更清晰地意识到让自己运转起来的是什么（包括意识和潜意识）。《怪奇物语》刻画了这些元素，因而成为当下最火热的电视剧之一。观众与这部电视剧产生了共鸣，这也有助于治疗师进一步认识到，许多信息其实在第一次访谈中已然呈现，但治疗师需要更多时间进行探索才能理解它们。不过在治疗过程中，将上述信息记在心里，这对于患者及治疗师而言或许都是有益的。

威廉·夏普

　　心理学博士，美国东北大学教学副教授，波士顿精神分析研究生院临床心理健康咨询项目研究生导师。他是一名训练及督导分析师，在马萨诸塞州布鲁克莱恩私人执业。

凯文·卢

　　博士，埃塞克斯大学荣格及后荣格研究文学硕士项目主任及资深讲师。曾发表关于下列主题的文章与著作：荣格理论与历史学科的关系、汤因比（Toynbee）分析心理学、文化情结理论的批判性评估、华裔/越南裔海外群体的兄弟姐妹关系，以及漫画小说及其影视版本中的荣格视角。其关于种族杂糅的论文被评选为"2019 年度《荣格研究国际期刊》（International Journal of Jungian Studies）的最佳文章"。

格蕾塔·卡路泽维休特

　　博士，一名站在精神分析、心理治疗、认识论及精神健康交叉路口的学者，在英国及立陶宛工作。她是维尔纽斯大学心理学院的心理学副教授（资深讲师）。

14

最奇异的事情

选择、运气，以及生活中的"龙与地下城"

J. 斯科特·乔丹　　　　　　　　小维克托·丹德里奇

"如果我们一开始就是在玩游戏，那么从什么时候开始，我们忘了自己在玩游戏？"

——人类学家大卫·格雷伯（David Graeber）及大卫·温格罗（David Wengrow）[1]

"戏是关键。"

——哈姆雷特（Hamlet）[2]

如果可以，请想象一下 1983 年美国中西部的印第安纳州霍金斯小镇。夕阳西下，暮色弥漫在复古奇趣、带有一丝悬疑恐怖气息的郊区街道。花园洒水器与大声吠叫的狗狗防守戒备着来自颠倒世界的怪物。在灯光昏暗的地下室，四个男孩正在玩"龙与地下城"。迈克是地下城主，也是当晚战役的设计者和主持人。他躲在地下城主的面板后面，顽皮地偷看着大家。

"有东西要来了，"迈克扫视着眼前的三位玩家，低声说道，"渴望鲜血的东西。"房间似乎蒙上了一层阴影。如果来的是魔王怎么办？玩家的脸上显得很焦虑。地下城主朝桌上甩出一个人偶玩具，大声喊道："是魔王！"这时，他们脸上的焦虑转为了恐惧。

三名玩家五味杂陈，仓促地开始应对魔王。

在"龙与地下城"的游戏世界里，正如在日常生活的起起伏伏中，玩家需要在难以预测的想象空间或实景空间中完成一系列目标，或是合作完成，或是相互竞争。现实是一个开放性系统，日常生活的不可预知性便源于此[3]。也就是说，虽然我们可以尽力控制部分方面，但现实空间实在过于庞大繁杂，任何人或物都无法完全掌控它。迈克妈妈在楼上大喊"游戏时间到"，几个男孩便被这种不可预知性猛地拽回了现实世界。迈克是当天晚上的地下城主，在较大程度上控制了其他玩家在游戏空间中的选项。虽说如此，但当面临不可预知的外部力量，比如某人的妈妈时，游戏世界也总是十分脆弱的（有的时候，迈克也会在其他地下城主，比如威尔和埃迪的带领下进行冒险，服从于他们的幻想及设定[4]）。

"龙与地下城"的玩家需要投掷骰子，从而随机化部分结果，比如迈克宣布魔王降临，由此引入了不可预知性。迈克没有提前设置魔王降临后的结果，因此威尔必须投掷20面骰子，以此来决定火球能否击败怪物。如果掷出了13或更大的数字（40%的可能性），则进击成功。随后，他需要再掷一次骰子，这一次的数字决定了他的进攻会对魔王造成多少点伤害。

"龙与地下城"游戏世界中的玩家需要作出选择，就像在日常生活中一样。这些选择带来的影响会以不可预知的方式显露出来。因此，奇异的事情注定会发生。换句话说，我们游戏、生活在"选择及运气的十字路口"。虽然这句话读上去像是诗歌而非真理，但越来越多令人兴奋的心理科学研究发现，正是这个在前因后果上无法避免的十字路口迫使我们成为现在的自己。简单来说就是，我们每一个人都有自己的旅途。

"选择你的角色！"
选择与运气如何限制了我们的可能性

在"龙与地下城"中，每一个玩家都要选择一门冒险者职业，比如战士、巫师、牧师或盗贼，以此来创建一个角色。玩家还将依赖运气来决定角色各属性的能力值，包括力量、敏捷性、体格、智力、智慧及魅力。部分游戏版本或许还会多出几个额外属性[5]。在"龙与地下城"的游戏世界中，玩家通过投掷骰子决定自身属性，这似乎与现实情况相去甚远，现实中的我们并不是通过这样的方式成为自己的。不过，在游戏中投掷骰子，就是为了模拟自始至终在不同层面上（基因、神经、心理、文化）、影响着我们的所有不可控及不可预知的因素。举个例子，在《怪奇物语》中，迈克和卢卡斯为了十一起了冲突[6]。十一被他们的攻击行为吓坏了，便尝试用超能力阻止他们，却不小心将卢卡斯猛摔了出去，撞上了一辆巴士。达斯汀事后向迈克解释，为什么他应该去找卢卡斯和好：

达斯汀：他是你最好的朋友，不是吗？

迈克：是的，可我不确定。

达斯汀：没事的，我能理解。我四年级才转学来到这里。他就住在我的隔壁，所以我和他成为好朋友。但这都不重要，重要的是，他是你最好的朋友。

达斯汀清楚地知道，虽然他和迈克是好朋友，但卢卡斯和迈克是最好的朋友，而这是由他完全无法控制的运气因素造成的。具体来说就是，他和卢卡斯初见迈克的时间有先后之分。如果"友谊指数"也是玩家必须确定的角色属性，那么他们也将投掷骰子来模拟不可控制的运气因素。

不可预知事件对"我们会成为什么样的人"具有持久的影响，因此有的时候，我们并不清楚"选择"到底是什么。实际上部分心理学家提出，"认为是自己的选择导致了事件发生"，这种被称作"意识意志"（conscious will）的感受其实是一种错觉[7]。举个例子，回想一下你决定买这本书时有哪些感受，而你确实买了这本书。想象一下，十一决定对迈克说"我也爱你"时会有哪些感受，而她也的确这么说了[8]。根据表面心理因果关系理论（theory of apparent mental causation）[9]，虽然我们觉得事件的发生由我们的想法及决定导致，但实际上并非如此。这些心理学家认为，就连我们的选择也由一系列不受我们意志控制的因素导致。简而言之，我们都是生活在地狱一般的颠倒世界中的僵尸，深信自己能够作出导致事件发生的选择。

有心理学家认为意识意志是一种错觉，这是因为他们将选择视作台球桌上的台球。当一个台球撞向另一个台球，我们会说这个台球导致了另一个台球的移动。然而问题在于，选择的运作方式并非如此。在生活中，选择会通过限制我们遭遇的众多不可预知的运气因素，来决定我们将成为什么样的人[10]。选择读一本书意味着选择不去重温一集《怪奇物语》，至少你的注意力不会被电视剧分散。根据上述推论，选择不会导致事件发生，而会限制事件发生。

《怪奇物语》的角色在第一季中作出的选择，限制了他们在接下来几季中遇见的不可预知事件。迈克将十一藏在家中地下室[11]的决定让他们未来拥有了以下的可能性：体验坠入爱河的魔力、分手的心碎、复合时的宽恕与兴奋，以及丧失及分离时的痛苦。再次强调，选择不会导致事件发生，反而限制了事件的发生及未来的可能性。因此，无论在游戏里还是在生活中，没有哪一个时刻不是在选择与运气的十字路口发生的。

诚然，有的时候，运气对我们能成为什么样的人具有持久而强大的影响力，甚至让我们不再相信自己能作出有效选择。在极端情况下，不可控的事件会让我们产生习得性无助（learned helplessness），即认为自己的选择根本无关紧要[12]。研究表明，习得性无助与抑郁[13]、虐童[14]及贫困[15]具有强关联。研究还表明，相较于同龄人，被诊断为学习障碍的前青春期儿童会更经常地流露出习得性无助以及焦虑和抑郁情绪[16]。

选择显然是各不相同的。在选择与运气的影响下，乔伊斯·拜尔斯在第三季最后一集中不得不作出决定：是否要炸了反应器，牺牲霍珀[17]。这个选择并不令人兴奋，也不会让人拥有丝毫自由的感觉。当然，作选择时的乔伊斯具有强自主性，但无论怎么选，她都会感到担忧恐惧，懊恼自责。我们所处的不可预知的开放性现实（1）能够影响我们的选择本质；（2）引导我们作出只能得到可怕结果的选择；（3）会让我们及他人产生习得性无助。理解了以上这些，我们便能以不同的方式去经历并作出选择。一切选择都会限制我们自身与他人的可能性。我们在这个开放性现实中所做的一切会限制所有人及所有事物的未来[18]。我们每一个人都可以选择作为一个单独行动者去体验生活，依据第一人称视角作出选择；也可以选择去体验"选择"的本真面目：它们必然是复杂的，大多时候残酷无情，它们是我们在这个野蛮开放的现实中施加在自己及他人身上的枷锁。与此同时，还有数十亿人也在艰难地学习着做出同样的事情。

"建立友谊！"
选择与运气如何限制了社会群体

　　虽然作选择似乎是一件私人的事情，但实际上，我们的选择也会限制其他人的未来。这意味着，选择具有社会属性。就连自私的选择也不例外。举个例子，南茜·惠勒告诉男朋友史蒂夫·哈灵顿，她去了他家寻找失踪的朋友芭比。史蒂夫因此而与南茜吵了一架[19]。史蒂夫没有共情南茜，他的第一反应是以自我为中心的自我防御。他担心警察会问询所有在他家（这也是芭比最后被看见的地方）参加派对的人，那么他们喝酒的事情就瞒不住了。被激怒的南茜表示："芭比不见了，你竟然还在担心你爸爸？"史蒂夫要求南茜向警察说谎，说他们没有喝酒。他这看似自私的选择依然具有社会属性：他作出这个选择是因为惧怕被爸爸发现他在家中举办派对。

　　《怪奇物语》的一大议题是，判断一个人是否为团队成员以及由此引发的紧张氛围。在第一季中，迈克越来越频繁地让十一参与到团队活动中。卢卡斯不相信十一，还觉得她挑战了自己的地位（迈克最好的朋友）。迈克希望十一成为团队一员，而卢卡斯不这么想。两个男孩的关系越来越紧张，最终爆发了上文提到的肢体冲突。后来轮到卢卡斯想让一名新成员加入团队，即疯狂麦克斯。讽刺的是，最反对这一变化的是迈克："团队不再需要新成员了。我是圣武士，威尔是牧师，达斯汀是吟游诗人，卢卡斯是巡林客，十一是法师！"[20]

在青少年的生活中，这类互动关系十分常见。经历着发育问题（比如性认知、性欲望[21]）的青少年开始出双入对，彼此之间形成了多种强烈的情感联结[22]。虽然我们或许会觉得这些发育期因素会对我们的选择造成影响，但其实这些因素本身并不能被称作"选择"。在身体发育期，大脑的化学物质会发生变化。除了文化与社会因素外，这些变化也决定了个体在性及情感方面会被哪类刺激吸引[23]。性吸引力及情感吸引力由大脑的不同系统调节[24]，我们会爱上对于我们而言没有性吸引力的人，也会在我们不爱的人身上感受到性吸引力。而且，大脑的这些动机系统似乎完全不受我们控制，更靠近"选择与运气"十字路口的"运气"一侧。

在第三季中，史蒂夫·哈灵顿与冰激凌店的同事罗宾齐心破解了密码，两人的关系巧妙地诠释了这一观点。史蒂夫和罗宾落到了前苏联士兵手中，在接受审问时被迫吞下了吐真剂。逃脱后，他们看了一段当年的新电影《回到未来》（*Back to the Future*）[25]，然后匆匆离场。此时药效还未消退，两人盯着商场的天花板，感到头晕目眩，便跑到了洗手间不断呕吐。他们坐在相邻的隔间地板上，史蒂夫承认自己之前的做法有些自私，还承认了他对罗宾有感觉。罗宾说她很惊讶自己竟然会喜欢史蒂夫，但同时也担心史蒂夫知道真相后会不再与她做朋友。其实，罗宾在高中暗恋的对象不是史蒂夫，而是班上的另一名女生[26]。

史蒂夫沉默了长长的一段时间，思考罗宾的性取向对于他们的关系意味着什么，随后打趣道："行吧，塔米·汤普森（Tammy Thompson），她很可爱，但她什么都干不好啊！"此时，背景音乐变得无比欢快，音调缓慢递增，使这一场景充满了积极的成长氛围。史蒂夫轻松愉快地和罗宾谈论塔米，这是朋友之间的谈话方式。观众会注意到史蒂夫有所成长，他不再将性欲望及情感依恋混为一谈，并"选择"与罗宾建立起一段他从未体验过的关系。史蒂夫对罗宾的脆弱有了新的理解，他没有严肃地让她再多聊聊自己的感受，而是利用了两人关系中有趣有爱的一面，委婉地让对方知道自己尊重并支持她。与此同时，听见史蒂夫取笑塔米，罗宾也愿意与他一起大笑，并最终同意了他的观点。这意味着，她很开心能与史蒂夫建立这段值得信任的新关系。

显然，这一幕是为了正常化并称颂此类关系。虽然史蒂夫与罗宾的友谊被刻画为了出现在选择与运气十字路口的一个意外，但主创团队决定如此描绘这一幕，却与选择不无关系。接受《秃鹰》（*Vulture*）杂志采访时，罗宾的扮演者玛雅·霍克（Maya Hawke）透露，编剧本来打算让罗宾和史蒂夫成为恋人。然而在拍摄过程中，演员建议将剧情更改为我们如今看到的模样[28]。有意思的是，这一结果也反映了运气的影响。编剧及演员显然了解性别、性取向及爱的规范（即他们创作这部电视剧时身处的文化背景）是不断变化的，并选择了在作品中反映这些变化。选择与运气之舞仍在继续。

"去游历各地吧！"
建立你自己的选择

　　观察类似罗宾与史蒂夫的关系，我们的选择会因此发生改变。看着他们的互动，我们也会即刻感受到有益的情感，比如开心、兴奋及感同身受的悲伤[29]。在此类情感的影响下，我们会与角色建立起"准社交关系"（parasocial relationships），即"观众与虚构角色或明星建立起的社交情感联结，类似于现实生活中的友谊"[30]。与内群体（自己所处的群体）以外的角色建立起此类情感联结，我们对外群体（我们不属于的群体，包括但绝不限于性取向与我们自身不同的群体）成员的偏见便会减少，同理心会增加[31]。不过要想达成这一积极的社交效果，需要观看多集电视剧，因为准社交关系的建立需要时间[32]。如果只看了一集含有外群体角色的剧集，我们的偏见会被激活，并对他们抱有更多的负面印象[33]。换句话说，若能反复接触外群体成员，我们对他们作为"人类个体"的感知便会增强。当然孤例或许也有帮助，但其影响力的持续时长或许仅足以巩固我们已有的偏见。根据信念确认偏差，我们会聚焦一切能增强我们已有信念的细节，尤其在孤立地接触人或信息的时候，并将无视那些挑战了我们信念的细节。改变需要时间。史蒂夫学会了将罗宾视作一个重要个体，珍视她的友谊。在此之后，他才了解到了可能会让部分人无法公平评价罗宾的信息。因此，史蒂夫没有陷入偏差险境。观众也是首先不带偏见地喜欢上了罗宾，不然他们对这个角色的观感或许会因偏见而有所改变。

我们的选择会发生此类变化，而关于这些变化最奇异的一点在于，它们发生时我们毫无察觉。这是因为我们会自动建立并经历准社交关系，这一切都发生在我们的意识之外。具体而言，当观察他人、体验他人的情绪时（无论在日常生活中还是在手机、电脑或电视上），我们会动用与体验自身情绪时类似的大脑区域[34]。不过，在我们这么做的时候，大脑会持续追踪我们经历中因自己的选择（而非其他事物）而产生的变化。因此，看着罗宾不知道该不该告诉史蒂夫她的性取向时，我们也能感受到她的忧虑，虽然选择"向史蒂夫坦承"的人是她，而不是我们，我们仅仅是选择了看着她。大脑清楚这一点，因此会将情绪分派给罗宾，虽然我们也能感受到这些情绪。

不过，这又让我们回到了僵尸问题！看着电视上的角色，我们的选择就会在不知不觉中发生改变，这么说我们不就成了"沙发土豆僵尸"，被屏幕上的角色不断地注入选择了吗？在某种程度上来说或许就是这样。当大脑在追踪选择时，选择依然可以发生改变，因为大脑会将"选择后发生的事件"与选择本身联系在一起[35]。

观众与史蒂夫及罗宾建立起了准社交关系，然后在洗手间那一幕感受到了两人愿意积极解决问题的友好态度。在此之后，当观众在现实生活中遇见与性取向相关的场景，或人与人之间的不同之处时，关于此类问题的积极记忆便会被激活。这些记忆或许会影响个体在上述时刻作出的选择。简而言之，他人（甚至包括虚构角色）的选择所造成的结果或许会影响我们未来的选择，而这一切都发生在我们的意识之外。

大脑能够将选择与运气联系在一起，并改变我们的选择，这就是大脑的"僵尸部分"。大脑会自动建立联系，不受我们的意识控制。因此，虽然我们觉得选择完全由我们自己作出[36]，且在作出选择时我们感到极度孤独，但其实，这些选择从来不只关于"选择的那一刻"，还关于我们在那一刻之前经历的所有事情，以及有关"选择与运气在我们一生中是如何发生的"的记忆。乔伊斯意识到她必须作出可怕的选择。虽然知道霍珀无法及时逃离，看上去必死无疑，但她仍选择摧毁开启了颠倒世界大门的反应器。这个时候，她看向了霍珀[37]。霍珀点点头，示意她就这么做。乔伊斯是需要选择是否摧毁反应器的人。霍珀知道这一点，也知道自己或许命不久矣，但他让乔伊斯相信，这么做没有问题。对于这两个角色及观众而言，这一刻似乎就是霍珀生命之旅的终点。然而，这一刻并不仅仅关于死亡，还关于将他们带到这一境地的所有选择与运气。在过往三季中，我们与这两个角色建立了准社交关系，因此这一幕极具情感厚度。在那一刻，我们能充分体会乔伊斯与霍珀一路走来的万般感受。

在"龙与地下城"中，角色死亡时，玩家也会体验到类似的厚重情感[38]。有玩家表示，相较于角色可以自动复活的电子游戏，"龙与地下城"的角色死亡更具意义，因为这种死亡是"玩家个人及集体行动所导致的，而非由系统或人工智能造成"[39]。他们还认为，由于玩家们同处一个空间，共享社交现实，因此这款游戏中角色死亡的意义

更非同一般 [40]。这些说法与以下观点一致：当我们观察他人时，准社交关系便会自动形成。当玩家坐在一起，共同为游戏角色作决定，正如迈克、威尔、卢卡斯和达斯汀在第一季开头及结尾做的那样，他们会经历这些决定带来的意料之外的结果，包括其他玩家的欢乐、沮丧及恐惧情绪。他们还会与角色建立起情感联结，包括准社交关系。游戏世界与现实世界的情感真实地融合在了一起。虽然玩家可以清晰地区分二者，因为大脑在不间断地追踪他们的个人选择，但他们的情感与悲痛却在两个世界中都占有一席之地。一名受访玩家提到，自己的第一个角色死去之后，他不愿承认这一事实，希望角色没有死。他觉得无比遗憾，并"养成了习惯，总是创建与第一个角色相似的角色" [41]。另一名玩家表示："与在现实世界中遇见死亡事件一样，在游戏中也会感到悲痛。这种情绪很复杂，随之而来的是不断涌现的大量回忆，那么多关于那个人 / 角色的美好回忆。没有了他们的陪伴，继续前行十分困难。" [42]

显然，在"龙与地下城"及《怪奇物语》中，角色死去的那一刻并不只关于那一刻。人们会觉得以后与这个角色再也无法互动了。角色死亡后，玩家当然可以继续建立其他关系，但那个死亡的角色曾是玩家的准社交媒介，他们通过它来和其他玩家一起游走在选择与运气的国度。玩家们共同作出选择，面对后果。在此过程中，满载情感的记忆便生成了。角色的死亡或许也意味着某一社交群体的死亡，即便其核心只是一个准社交群体。

由于大脑能够自动将选择与结果联系在一起，因此玩家在游戏世界中作出的选择会改变其未来在游戏世界及真实世界里作出的选择。

一名受访玩家表示，在第一个角色死亡的那一刻，他"第一次有了成为地下城主的念头"[43]。另一名玩家透露，游戏角色的死亡对他的现实生活造成了深远影响：

角色的死让我万分悲痛，三个星期都没有和任何人说话，我仿佛因悲痛而进入了昏迷状态。从中苏醒后，我的价值观发生了改变。这对我的影响非常大，不仅仅就角色而言，也就玩家身份而言。我休了一天假，去了公园，在森林里睡了一觉。那一天我过得很不错。[44]

我们的选择会被它们的结果以如此深刻的方式改变。有鉴于此，虽然我们不能察觉这些变化是在什么时候发生的，但选择似乎并非运气的对立面。选择是我们这一生所经历的、所记得的选择与运气事件的集合体。当我们作出一个选择，问题不在于是否达到了预期目的，而在于选择这个简单的动作让我们得以区分，哪些改变是因我们自身而产生的，哪些改变不是。在此过程中，个体便会成为一个"我"。当这个"我"逐渐作出更多选择，而这些选择又逐渐与更多预期之外的运气、结果联系在一起时，改变就发生了。我们将去不一样的地方，遇见新的朋友，探访在作选择时未曾想象过的领域。正如我们在开始所说的，我们成就了我们的旅途。

"投掷骰子！"
接受充满选择与运气的世界

"生存还是毁灭，这是一个问题。"

——哈姆雷特[45]

最终，《怪奇物语》为我们打开了一扇传送门，揭示了一个公认的真理：我们所有人都生活在无法逃避的选择与运气的十字路口。这里和"龙与地下城"一样，计划往往赶不上变化。我们都会在某些时刻屏蔽自身的情感、悲痛、焦虑及创伤，因为我们必须作出选择。最奇异的事情或许在于，即使变化永远存在，我们依然会去选择、去行动、去生存。如果足够幸运，我们偶尔也会得到旁人的指引、家人的扶持及朋友的助力，那么生活可能会在一段时间内变得顺利。我们可以学会管理自己的传送门及生活方式，欣赏混乱中偶尔出现的美好时刻，感受爱、归属与满足。同时深知，无论多么希望生活能够维持不变，变化总会发生。

霍珀觉得十一和迈克待在一起的时间过多，便花心思给他们写了一封信。选择与运气的真实面目既美丽又丑陋，霍珀接纳了它们，这一点在他的信件中得到了体现。霍珀在反应堆室遭遇意外，看似已无生还可能。而后，乔伊斯决定搬离印第安纳州。整理家中物品时，她找到了这封信，把它交给了十一。在十一读信的那一幕中，信中内容由霍珀的声音朗读了出来：

霍珀：我不希望事情有所变化，我想这大概就是我来到这里的原因，来阻止改变发生，让时间回到过去。让一切变回原本的样子。但我知道这种想法很幼稚。生活本来就不是这样的。生活在往前走，一直在往前走，无论你愿不愿意[46]。

十一读完信后开始哭泣，背景响起了彼得·盖布瑞尔（Peter Gabriel）翻唱的大卫·鲍伊（David Bowie）的《英雄》（Heroes），十分悲切。这首歌唱的是，所有人都可以成为英雄，即使只有短暂的一瞬。歌词反映了创作者对"选择与运气这支永恒舞蹈的理解，以及作出更多利他的选择意味着什么"。正如史蒂夫成为罗宾的英雄，在罗宾脆弱的时刻为她打造了一个信任与尊重的空间。罗宾也成为史蒂夫的英雄之一，面对长着翅膀的怪物，她冲上前保护了他[47]。霍珀是孩子们的英雄，孩子们是霍金斯镇的英雄，十一和乔伊斯是全世界的英雄。而我们也可以选择成为他人的英雄。我们能知道这一刻会在什么时候来临吗？或许不能。但当我们的选择融入运气的世界，这一刻会像所有事情一样自然发生。那么在此之前，我们应该做些什么？很简单。投掷骰子，主动出击！

附笔

你所发现的奇异事物……

小维克托·丹德里奇

　　第一次在角色扮演游戏中创建角色时，我的地下城主投掷出的骰子数字之和让我拥有了一个各方面都非常弱的角色，在桌面游戏中毫不起眼。虽然我的名字在极客圈中十分响亮，但我似乎一直无法理解游戏世界，也无法沉浸其中。至少我自己是这么认为的……

　　作为漫画及流行文化世界中的创作人员，我画的第一个角色永远是我自己。我会为这个角色注入我看过的故事，无论是电影情节还是堆在报刊亭中的五彩杂志。我成为我最认同的角色。注意，我说的是角色，而不特指英雄。我认识的所有人都做过类似的事情：把最喜欢的角色人格化作他们自己。

　　到小区或儿童乐园走走，看看在那里玩耍的孩子们。无论他们玩的是客厅家具，还是后院中的游乐设施，你都会听到响亮的"选择大合唱"。他们会坚定地，有时甚至好胜地唱起"我是……"的赞歌。即使当幻想游戏被视作幼稚的把戏，快速被成年人的社交活动取代，也不意味重塑自己的渴望会湮灭。对于那些踏上探索之旅的人们而言，有一个世界正是为他们打造的。在那里有数小时之长的神秘冒险战役，有怪物与悬念，也有胜利与遗落，还有一小群可爱的人们在等着他们。那就是"角色扮演"的世界。

除了奇幻题材，桌面游戏还有众多其他类型，正如优秀的文学作品一样（不要忘了，就连桌面游戏也是故事的载体）。但奇幻类桌面游戏往往是类似的：魔法世界中有王国与沼泽，那里生活着小妖精与半兽人，等待着你去寻找赏金与友谊。你当然也能在超级英雄漫画书中看到类似内容。不过，这两者虽具有相似之处，但"幻想"一词在桌面游戏世界中如此适用是有原因的。

幻想即想象事物，尤其是现实世界中不可能存在的事物。我们在成长时期所受的影响会长久地伴随我们，其重要性再怎么强调都不为过。年少时，我们喜爱的事物（或厌恶的事物）在很大程度上与家庭成员的偏好一致，因此这些事物无法真正地定义我们的性格与兴趣。不过，当我们将喜爱的事物与他人联系在一起时，一个无法磨灭的印记便开始形成，将我们的兴趣活动以及与他人的关系进行分类。不可否认，部分分类方式源自不恰当的刻板印象，只是为了方便概括负面特征。但就算是为了挑战这些负面想法，个体也需要知道在兴趣领域中，自己和其他人的关系是什么样的。这也是为什么，我们在成长时期所受的影响会具有如此大的力量。虽然易受影响，但随着年龄增长，个体将越来越懂得如何定义自己，且能随心所欲地转换方向，从而达到自身兴趣与需求的层次。

就连我这个游戏小白也认为，"龙与地下城"确实孕育并加深了这种自我决定感（sense of self-determination）。在建构自我的虚拟版本前，我们天然倾向于先投射出真实的自我。"龙与地下城"的新手玩家往往会将对现实世界的假设与期待叠加在虚拟角色身上。日常生活中偏好体育锻炼？那么以战斗为核心特质的职业，比如野蛮人、圣武士及战士，或许对你更有吸引力。具有做学术的天赋？那么可以考虑成为一名耀眼的牧师、巫师或工匠，这些角色都需要广博的知识与缜密的头脑。

新手玩家的性格往往会反映在他们选择的职业中。当你看清了你自己，你的角色便会与团队成员有所交流及互动，彼此关系将会升温。角色与你自身一致的方面，比如动机特质（守序善良、绝对中立、混乱邪恶等），便是你对自我的真实看法。新手玩家对角色的期望几乎可以绘制为一条笔直的线，他们会有意识地让这条线不离开舒适区太远。因此，他们会放弃大部分的选择权力，让骰子说了算。骰子就像生活中的外界影响，变幻无常且不可预测。他们似乎认为，游戏结果早已确定，正如条件判断流程图一样。

随着时间的流逝，我们的经验越来越丰富，愈加游刃有余，自由便也随之而来。无论在游戏中还是生活中都是如此。承认并接纳过往生活中的自己，我们才能探索并打造一个反直觉的自我。天生热情善良的人们可以通过与自我意识不相符的角色来展现自身更具仇恨性及破坏性的一面。由此，角色扮演的力量才被真正释放了！在流行文化中也有类似例子，比如相较于彼得·帕克（Peter Parker），他的另一个自我——蜘蛛侠就更接近 A 型人格[1]，坚定果断，时而更具攻击

I   A 型人格更具进取心与竞争意识，野心勃勃。——译注

性。在游戏中，你将拥有更大的权力及灵活性，可以决定角色的外形与声线。

　　"龙与地下城"的游戏体验是循环式的，我们从游戏中得到了许多东西，也会将许多东西带入游戏。玩家在游戏中会推论出对自我的构想，并在游戏结束后将自我最好的一面带入生活。在游戏世界里，玩家会习得批判性思维技巧、问题解决策略，以及许多优秀品质。这些品质可以帮助他们提升现实世界中的感知能力及应对能力。在成长为社会乃至世界健全且成功的一员的过程中，"与选择及运气共舞"是关键一投，正如为创建角色而投出骰子。

再附笔

幻想之地的玩偶与主人

斯科特·乔丹

  热爱重金属音乐的地下城主埃迪·曼森在《怪奇物语》中亮相时，前几季的中学生主角团陷入了 20 世纪 80 年代的"撒旦恐慌"。地狱火俱乐部成员聚在高中食堂内，这一幕很好地描绘了"撒旦恐慌"这场文化运动的本质。埃迪努力模仿男主持人的模样，大声朗读了《新闻周刊》（*Newsweek*）杂志中的一段文字："魔鬼已来到美国。'龙与地下城'起初被视作无害的幻想游戏，如今却让家长与心理学家忧心。研究显示，该款游戏宣扬撒旦崇拜、祭祀仪式、鸡奸、自杀甚至谋杀，导致游戏玩家做出暴力行为。"埃迪的一个朋友说："社会总要找个背锅的，看我们好欺负罢了。"[48]

  在现实中，《新闻周刊》确于 1985 年 9 月 9 日刊登了一篇名为《儿童：最致命的游戏？》的文章[49]。正如埃迪所说，这篇文章讲述了宗教及世俗运动是如何将 50 余名青少年之死怪罪于游戏的。宗教方面，帕特里夏·普林（Patricia Pulling）女士创建了名为"为'龙与地下城'忧心"（BADD, Bothered About D&D）的组织。她的儿子是游戏迷，据说因被另一玩家诅咒并以字面意思理解了该诅咒而自杀身亡。普林女士认为，这款游戏洗脑了玩家，亵渎了神灵。世俗方面，全美反电视暴力联盟主席、精神科医师托马斯·拉德基（Thomas Radecki）坚称，孩子们因游戏而生活在幻想之中，找不到离开地下城的路，因此"这款游戏导致了青少年自杀及谋害他人"[50]。

宗教人士与世俗人士通力合作，试图禁止学生在学校玩"龙与地下城"。不过，他们也遇到了多重阻力。康涅狄格州普特南县的教育董事会便拒绝禁玩这款游戏。游戏开发商 TSR 公司（TSR Hobbies）在说明书中加印了一则警示，提醒玩家不应过度认同角色："你与角色越是分离，游戏体验便会越好。"[51] 媒体心理学家乔伊斯·布拉泽斯（Joyce Brothers）表示："只要你玩得开心，游戏就只是游戏而已。"全美天才儿童协会认为，游戏能引导儿童阅读更多名家作品，比如托尔金（Tolkien）、莎士比亚（Shakespeare）及阿西莫夫（Asimov）。

在这场文化斗争中，宗教学教授约瑟夫·莱科克（Joseph Laycock）提出，宗教团体如此惧怕"龙与地下城"的原因在于，这款游戏与宗教有太多相同之处，比如两者均为社会建构的共识系统。因此，部分认为有必要控制文化幻想的宗教团体将游戏视作对自身权威的直接挑战。毕竟在历史上，他们对人们所相信的社会建构的意义是具有掌控力的。讽刺的是，对"龙与地下城"的虚拟世界发起战争时，他们也正像那个世界中的英雄一般，以坚定的信念与满满的活力投身到了对抗黑暗阴谋的战役之中。

埃迪·曼森激情地奏起金属乐队（Metallica）的《玩偶与主人》（*Puppets and Masters*）[1]一曲，转移怪物的注意力，将它们从朋友身边吸引至自己周围[52]。这么看来，他的行为正如"龙与地下城"中的吟游诗人一般：精通音乐与语言，并能将两者神奇地融合在一起[53]。拥有自己的幻想，具有权力和能力去尝试不同的身份、价值体系与幻想，埃迪这一虚构角色也体现了人们为达成上述目的而做出的无止境的抗争。

我是"龙与地下城"的早期玩家，也曾像达斯汀和迈克一样，在朋友的地下室中玩这款游戏。对于我来说，埃迪是一个英雄，他的结局令人痛心。与虚拟角色的准社交关系（本章曾提到过）在"龙与地下城"中也有所体现。游戏中的角色死去后，玩家会感到悲痛与丧失。重点在于，无论是和朋友坐在地下室里，尝试用治愈咒语拯救角色生命，还是坐在教堂中，与兄弟姐妹一起诵读经文，我都在与我的社交关系共同创造世界。我具有同理心，我是合群的，我身边的朋友总会相互帮助。拥有尝试不同信念的能力与权力，这是值得我们争取的文化价值观。谢谢你，埃迪·曼森。

I　原文如此，实际上金属乐队的这首歌名为《玩偶的主人》（Master of Puppets）。——译注

J. 斯科特·乔丹

博士，伊利诺伊州立大学心理学系主任，研究方向为合作行为的神经科学、心理学及哲学。发表论文 150 余篇，定期为"流行文化心理学"系列丛书撰写内容。他是伊利诺伊州立大学雷吉动漫展的共同组织者。该活动为一系列线上动漫研讨会，于学年中的"多元及传统月"举行。他是油管《黑暗循环制作》播客节目的主理人，为自己创作的国际漫画丛书感到无比骄傲。

小维克托·丹德里奇

作家，出版人，平面设计师，教育家，是自出版市场创新及出品领域的新兴领军人物。其自有出版公司凡迪奇的内部出品（Vantage: Inhouse Production）、线上周播评论节目《黑白与通读》（*Black, White & Read All Over*）及流行文化播客节目《正义大厅》（*Hall of Justice*）均获得高度认可。他创立的克里 -8 漫画（Cre-8 Comics）在漫画界与教育界之间架设了一座独一无二的桥梁。

15

都在游戏里

从与假想敌的战斗中
学会面对恐惧

贾丝廷·马斯廷   拉里沙·A. 加尔斯基

"我们在任何时候都从未曾像在玩游戏时那样充满活力，全神贯注，完全地做自己。"

——游戏治疗之父查尔斯·谢弗（Charles Schaefer）[1]

"这不是'龙与地下城'，是现实生活。"

——迈克·惠勒[2]

游戏是人类生活的关键部分[3]，具有强大的疗愈能力。尽管心理

学家与心理治疗师曾一度看不起游戏，认为这只是孩子的把戏，但如今，他们都已接受游戏是生活的必要部分，也是多种全年龄段治疗的关键要素[4]。霍珀和十一曾玩过许多游戏，包括跳舞、阅读及桌面游戏[5]。这体现了游戏可以跨越代际隔阂[6]，帮助儿童与成年人消化痛苦，逐渐建立联结。成年人给予儿童的刺激及期望往往会让他们背负巨大压力，而儿童能够通过游戏这扇窗来理解成年人的世界，将注意力集中在混乱无序的世界的某些部分，并在过程中习得认知灵活性（cognitive flexibility）[7]。玩游戏及使用游戏进行类比时，《怪奇物语》中的成年人与儿童都学会了制定策略与即兴发挥，培养了道德感、同理心及创造力。在能够疗愈人心的"龙与地下城"的世界里，他们得到了训练，从而能够面对现实生活中的魔王与发育期，消化让人无所适从的种种感受。

疗愈领域

将游戏运用于治疗中，这么做能让儿童、青少年及成年人通过亲身体验的方式应对难以化解的情绪，而无须讲述创伤经历。儿童尚未懂得使用言语描述过往经历，这种疗法有助于他们将关于这些经历的想法及感受通过其他方法表达出来[8]。人们往往认为，只有儿童在表达情感时会词汇匮乏，但其实青少年及成年人在面对强烈情感时也会不知如何表达。画出过往经历，或是用玩偶或木偶演绎，来访者便得以创造一种共同语言及共识，让治疗师或信任的他者能够了解自己想传达的信息。通过创造性表达，儿童及成年人都能表达出过往经历，消化相关情绪，而不会感到无法应对。十一便运用了游戏的力量，借助了"龙与地下城"的人偶及棋盘来解释威尔的藏身之地，以及颠倒世界是怎么回事[9]。

游戏既是一种应对技能，也是一种教授应对技能的方式，能够改善个体的情绪调控能力及人际关系。游戏为个体营造了安全环境，让他们能够在现实中运用学习技巧与策略[10]。游戏治疗（play therapy），即有目的地将游戏融入治疗，包括但不限于让来访者玩玩具、讲故事，以及参与到表达性艺术活动中。威尔的妈妈乔伊斯与威尔讨论他的画作时，两人的互动与治疗师及来访者间的互动十分相似。乔伊斯时不时地询问威尔关于画作的问题，尝试找出这些画中潜藏的情感含义。她鼓励威尔继续画画，还为他购买了 120 色的彩色蜡笔[11]。她这么做是想让威尔知道，他的画对她而言极具意义。威尔"窥探"暗影怪物时，脑海中会浮现画面，却无法用言语描述。而乔伊斯围绕威尔的画作与他建立了默契，这十分重要。威尔以熟悉的画笔和白纸画出了脑海中的画面，并邀请妈妈进行解读。最终，他们发现了一张霍金斯镇的地图。藤蔓正在地图显示的位置下面生长[12]。

在游戏治疗中，治疗师与来访者（或父母与子女）可以一起玩耍，从而学习在共同活动中如何与彼此相处。这是一种建立融洽关系的方式，也称为"加入"（joining）。"加入"是咨访关系中的重要部分。有的时候，儿童与青少年以及有过创伤经历（即让个体陷入致命危险，触发神经系统战斗、逃跑、冻结反应的事件或一连串事件）的成年人会难以"加入"[13]。十一和霍珀住进小木屋后，时常在晚上玩游戏。这成为他们的亲密时刻，极具意义，巩固了初萌芽的父女感情。在吐露心声的信件中，霍珀回忆起这些游戏时光，承认于他而言，谈论感受，甚至是体会感受都是十分困难的。而在游戏世界里，霍珀熟悉规则，可以参与到具体事件中，安全地与新女儿十一建立关系。

邀请信任的人一起玩游戏，相当于邀请对方建立联结。在游戏中，玩家有机会将注意力集中在单一事件及其他玩家身上。后来，十一不再接受霍珀建立联结的邀请，霍珀便觉得十一与自己越来越疏远，并为此苦恼。

这种人际关系对于威尔来说尤其痛苦。龙与地下城小分队的其他男孩逐渐将注意力转移至了浪漫游戏（约会），不再接受威尔通过"龙与地下城"发起的建立联结的邀请。在男孩们的关系及共同语言中，游戏至关重要。邀请大家玩游戏却被拒绝，威尔因而遭受了依恋损伤（attachment injury）。

迈克：我们已经不是小孩了。你到底在想什么？觉得我们永远不会谈恋爱吗？要永远坐在我家的地下室里玩游戏吗？

威尔：对啊，我就是这么想的[15]。

"龙与地下城"与治疗

所有游戏都具有治疗效果。角色扮演游戏则提供了绝佳机会，供玩家练习社交技巧，建立认知灵活性，与其他玩家共同创造意义。角色扮演游戏即玩家在虚拟世界中扮演虚拟角色。"龙与地下城"可以说是有史以来最受欢迎的角色扮演游戏[16]。这款游戏刚面世时便遇上了"撒旦恐慌"时期，部分人认为它十分危险（正如霍金斯居民对埃迪·曼森及地狱火俱乐部的态度）[17]。而如今，其治疗功效已得到广泛认可，市面上有许多相关的治疗团体及训练项目。新冠疫情期间，这款游戏再度翻红，让许多隔离在家的人摆脱了孤独[18]。"龙与地下城"的玩家往往被视作缺乏社交或不擅社交，但有证据显示，这款游戏能够帮助人们满足现实需求，改善人际关系[19]。

迈克、卢卡斯、达斯汀与威尔因"龙与地下城"而成了好朋友，并打造了一种共同语言。他们通过这种语言来创造意义，理解身边的世界。当遇到不理解的事物，比如可怕的怪物时，他们会用游戏语言来使之概念化，将其称作魔王。这是他们了解且在游戏中打败过的一种怪物。虽然仍对这个陌生实体感到害怕，但他们将它置入了熟悉的语境。应对后续危险时，他们也能使用游戏语言进行讨论。后来，小分队人数逐渐增多，这种类比手法还能帮助新加入的成员快速理解。

达斯汀：夺心魔。

霍珀：那是什么？

达斯汀：是来自未知维度的怪物，十分古老，就连它自己也不知道真正的家在哪里。它具有极为发达的心电感应能力，能够控制其他维度的生物的大脑，从而奴役他们。

霍珀：我的天啊，这不是真的。这只是小朋友的游戏罢了。

达斯汀：不，这是游戏手册。而且这游戏不是给小朋友玩的。除非你知道我们不知道的事情，不然这就是最好的比喻……

卢卡斯：类比。

达斯汀：类比？这就是你纠结的事情吗？行吧！那么这就是最好的类比，能帮助你理解这堆乱七八糟的破事儿 [20]。

团队规则

许多控制着"人类的存在"的概念都是被创造出来的。这些概念演变为了复杂精细的规则、角色及边界，控制着人类在这个世界上的行为方式。上述理论被称作社会建构主义（social constructionism）。该理论认为，在很大程度上，人类的存在就是一系列编纂好的社会游戏。叙事治疗（narrative therapy）在社会建构主义的基础上更进了一步，邀请治疗师与来访者留意观察这些掌控着我们现实生活的人为创造的概念；若这些概念不再适用，也可以改变它们 [22]。游戏中也有类似互动。

玩游戏的时候，玩家必须就游戏规则达成共识，确定什么是公平的，什么是不公平的。就算游戏自带规则，玩家也依然有空间，能够决定哪些做法在游戏世界中是可以接受的。由此，人们通过游戏辨别了哪些行为是符合道德伦理的，并邀请其他玩家共同创造意义 [23]。迈克和游戏小分队的其他成员一同创建了规则、角色及边界，并把这些元素带入了现实世界。通过游戏，年轻人会将世界想象成"他们认为世界应该成为的样子"，而非世界本身的样子。在人们普遍以自我为中心的 20 世纪 80 年代，小分队成员将世界想象成了一个"先动手的人"必须主动修复关系的世界[24]。他们一致认为，如果伤害了其他成员的队员没有主动道歉，就必须被逐出团队。他们明确了这些规则并不断重申。这不但体现了他们的道德观念，也展现了他们直接沟通的能力。

通过为游戏设定规则，他们也为游戏中的神奇世界设定了规则。这些规则被他们带入了现实生活。因此，他们不仅仅在为游戏创造规则，也在为自己的生活创造规则。

赋权咒语

游戏能赋予人们权力，尤其对于儿童而言。儿童与青少年的选择有限，但在游戏中，他们可作的选择就多得多，尤其在"龙与地下城"这类游戏里。虽然地下城主对游戏有一个大概计划，但玩家的选择及运气因素（投掷骰子）会共同作用，决定最终结果。随着游戏的推进，玩家会遇到新的选择，需要临场发挥（通常是地下城主）。

在游戏中，玩家有机会发挥想象，思考可能会发生什么，脑海中或许会迸发出从未想过的新想法[25]。因此，人们能够通过游戏习得认知灵活性，即根据环境及情况采取相应的思考方式及行为方式。游戏邀请玩家打开好奇心的大门，而不要将它们上锁。玩家在游戏中经常会问"如果……该怎么办？"，这类问题有多种可能的答案，比如"如果颠倒世界的运转机制与'龙与地下城'中的阴影山谷一样该怎么办？"。如果这个跳出了思维定式的假设是正确的，那么"龙与地下城"小分队或许就能运用游戏手册，找到更多可行的解决方案[26]。

游戏中的选择可能会让个体站到集体的对立面。小分队遇上游戏里的魔王时，威尔必须作出选择，是使用保护咒语还是扔出火球[27]？若施出保护咒，威尔自己便能安全；若扔出火球，则有机会（依据骰子结果而定）打败怪物，拯救大家。其他成员向威尔表达了自己的想法，但最终这个决定仍需由威尔作出。这一幕里的威尔正在学习如何在时间有限的情况下解决复杂问题，这对他的现实生活有极大的帮助。第一次遭受魔王袭击时，威尔能够迅速思考，利用在游戏中习得的技巧临场发挥：他跑进家里，把门锁上，试图打电话联系外界。但电话打不通，他便开始呼喊求救，最后跑进小木屋拿了一把猎枪。在每一个紧要关头，他都作出了选择，并依据隐喻的骰子走出下一步。

投掷骰子，主动出击

刚开始玩"龙与地下城"时，男孩们学会了解决矛盾，练习了沟通技巧及耐心倾听（即使有的时候这并不容易）。和迈克吵架后，卢卡斯不知道要不要接受他的道歉。不过最终，两个男孩还是相互吐露了内心情感，真挚倾听了对方的感受，和好如初。这与治疗中基于社交技巧的游戏是类似的，他们随后会将这些技能带入现实世界，尽管成功概率无法保证。达斯汀在团队中通常充当和事佬的角色，他会使用在游戏中习得的解决冲突的技能来解决团队纷争。比如当迈克和卢卡斯发生争执时，达斯汀便提醒迈克，他是"先动手的人"，因此应该主动与卢卡斯握手言和，这是"规矩"[28]。虽然迈克一开始与十一沟通不畅，但他通过让十一躺上爸爸的懒人沙发这一玩乐举动，成功与她建立了联结[29]。

随着时间流逝，人们玩游戏的方式也会发生改变。在不同的游戏中，人们会习得不同的社交技巧。比如达斯汀，他获得了史蒂夫的帮助。在史蒂夫的指引下，他从童年时期的游戏过渡到了下一阶段的游戏[30]。史蒂夫也因达斯汀而发生了变化，他被迫开始考虑除了自己以外的其他人，有了同理心，虽然他给出的关于女生的建议并不一定是最有效的。将游戏知识传递给下一代，青少年会因此感到欣慰及拥有权力，觉得自己技艺精湛且能干，尤其当这些知识对于他们具有意义时。搬家前，威尔决定捐出游戏手册，达斯汀和卢卡斯便借此机会，将他们的游戏知识教授给了卢卡斯的妹妹埃丽卡，让传统得以延续[31]。

天然 20[I]

　　玩游戏是儿童的工作，是青少年的挑战，是成年人建构意义的方式。无论年龄大小，人们都能通过游戏去学习、治愈及建立联结。在游戏中，玩家需要临场发挥，施展创造力以及进行社交，以获得力量，去弥补代沟，创造共同意义，习得新的技能。十一使用游戏术语与新朋友沟通，这是一门他们都能理解的语言[32]。十一会和养父霍珀一同跳舞、讲故事、玩游戏，通过这些玩乐活动他们建立了深厚情感[33]。游戏是一件正经事。

　　对于《怪奇物语》的少年角色而言，是游戏让他们做好了准备，去面对来自颠倒世界的致命怪物，以及更为凶猛的发育期及代际冲突怪物。他们在游戏中建立的深厚友谊也体现在了现实世界。团队胜利时，他们也赢得了胜利。团队失败时，他们会相互支持。无论在游戏世界还是现实世界，他们都齐心协力，并肩作战。他们通过游戏学会了创造性技能、临场发挥及语言技能。如果没有提前在游戏中练习，他们便会缺少对抗致命怪物的必要工具。在这个故事里，游戏是赢得了胜利的真正英雄。

I　"龙与地下城"游戏术语，指使用 20 面骰掷出 20 这个数字。——译注

贾丝廷·马斯廷

文学硕士，持有执照的婚姻家庭治疗师，同时也是作家、播客创作者及教育家。贾丝廷是《星际飞船治疗：使用治疗性的小说来重写人生》(*Starship Therapise: Using Therapeutic Fanfiction to Rewrite Your Life*) 的作者之一，"流行文化心理学"系列丛书的多本书籍都收录有她的文章。她是 TEDx[1] 的演讲者，在明尼苏达圣玛丽大学担任讲师，也是《星际飞船治疗》(*Starship Therapise*) 及《垫子的黑暗面》(*Dark Side of the Mat*) 播客节目的联合主持人。贾丝廷擅于运用全面的疗愈方法，涉及心灵、躯体及粉丝文化。

拉里莎·A.加尔斯基

文学硕士，持有执照的婚姻家庭治疗师，心理治疗师，美国婚姻及家庭治疗协会认证督导，在伊利诺伊州芝加哥赋权治疗诊所担任临床主任。擅长与自我认同为边缘群体的人们一起工作，包括极客

I　TED（Technology, Entertainment, Design，即科技、娱乐、设计），大会会召集社会各领域的杰出人物，分享他们的独特见闻与思考。而 TEDx 为 TED 推出的自发性项目，鼓励全球各地的 TED 爱好者在当地自行组建演讲活动。演讲形式与 TED 类似，但更专注于本土社区。——译注

社群及性少数群体。拉里莎是《星际飞船治疗：使用治疗性的小说来重写人生》的作者之一，"流行文化心理学"系列丛书的多本书籍都收录有她的文章。她也是《星际飞船治疗》（*Starship Therapis*）播客节目的联合主持人。

最后的话

寻找

特拉维斯·兰利

"我不羞于承认自己是一个幸存者。对于我来说，幸存意味着力量，意味着我经历了一些事情，并成功脱身。"

——幸存者及倡导者伊丽莎白·斯玛特（Elizabeth Smart）[1]

"记住伤痛。伤痛是好的，因为这意味着你走出了山洞。"

——吉姆·霍珀写给十一的信[2]

简·艾夫斯在婴儿时期消失不见，被当作第十一号武器抚养长大，后逃出生天，以"十一"为名开启了新生活。威尔·拜尔斯消失不见，躲避怪物，直到被妈妈和霍珀找到。吉姆·霍珀局长消失不见，在冰天雪地中做苦工，必须找到回家的路。在不同时期，这三个人都曾被假定已经死亡，但却都幸存了下来[3]。当然，不是每个人都

能幸存。等待并希望他人（比如麦克斯·梅菲尔德）能安全回来时，这一事实会让真相变得难以接受[4]。角色失踪，遭到来自人类或非人类的伤害，这是《怪奇物语》的核心议题。在小镇日常生活的表面之下，在主角奇幻冒险的旅途之外，这部剧集还挖掘了让我们心烦意乱的原始恐惧：害怕被掠夺、被利用、被虐待、被非人化以及被抛弃。

为《〈怪奇物语〉与心理学：颠倒生活》撰写内容之前，创作者便一致同意了不收取任何报酬。我们会把这本书的收入捐献给帮助失踪及被剥削儿童的非营利机构。我们想这么做已经有一段时间了。《怪奇物语》刻画了人类及非人类的故事，渲染了惨无人道的恐怖氛围。有鉴于此，我们这群一起创作了"流行文化心理学"系列丛书的人认为[5]，就是这本书了：这本关于失踪角色（在部分情况下会被找到）的书，应该为我们世界里的失踪儿童、受虐儿童、康复了的以及正在康复的儿童做些什么。

我们最大的心愿是，失踪儿童能被寻回，受剥削儿童能重获自由。希望他们都能平安。就算被寻回时仍陷于危险，也希望他们有朝一日能重获平安。不是每一个人都能回家，也不是每一个人都能逃脱施虐者的魔掌，但我们知道很多人都可以。许多逃脱魔掌、重返家园的人们（无论是自己逃脱还是被人解救）都需要身边人给予极强的耐心、同理心及支持[6]。他们的至亲也需要支持，无论是弄丢了他们的人，抑或是等待着他们归家的人。他们的身心健康都面临着巨大挑战与风险[7]。威尔·拜尔斯被异世界怪物绑架，被称为十一的简·艾夫斯·霍珀被人类密谋者绑架。当与这两个虚构人物感同身受时，我们便练习了应为现实世界中的人们展现的共情能力。当希望剧中角色能克服挑战，在事后发现新的力量时，我们便也培养了一种能力，即能够祝愿每个个体都蓬勃生长，无论过往经历如何。

你的噩梦不是你自己。困扰你的事物也不是你自己。你无须被记忆中突然出现的黑暗事物所定义。杀不死你的不一定会让你更强大（虽然大家都是这么认为的）。但无论你是否变得更强大，它都没有权力掌控你。如果你对生活及自身的看法因此被扭曲，那么或许可以挑选一些新的看法。终有一天，你将能从中汲取力量。又或许，你能将它翻转过来，照亮你想抵达的未来。

与其"克服创伤"（有的人会将不幸作为成长的跳板），不如在创伤及悲剧中"寻找意义"。在令人厌恶的经历中寻找价值，或是以自己的方式让这些经历产生有益的影响，这是创伤后成长（posttraumatic growth）的重要部分，许多人以此应对了创伤[8]。颠覆世界观是成长的新起点，即使先前观念的部分方面将不复存在[9]。从过去的伤痛中获得力量，在创伤中找到意义，如此成长的人们在往后的前进道路上也会以相同方式确立目标[10]。他们没有忘记不好的经历，而是以建设性的方式反复思索它们。那些曾经迷失的人们或许能帮助我们找到前方的路。就像《怪奇物语》的主角一样，他们真的可以成为英雄，且不仅是一天而已。

当然，《怪奇物语》的寻找不仅于此，还包括友谊、爱情、支持、希望、人性以及大型谜团的答案，尤其是寻找自己。在冒险旅途中，角色们发现了从前未被挖掘或未被充分利用的力量，生活中的重要事项发生了变化。他们扩大了视野，看到了不一样的景色。离开布伦纳博士、霍珀局长及迈克·惠勒后（但仍有麦克斯在身边鼓励她，给予她穿搭建议），十一思考着想要一个什么样的外形，或者说想成为什么样的人。她因此去了一趟商场寻找自己。有的时候，我们难以找到自己的路，因为旁人（无论是否出于好意）挡住了我们的视线。但有的时候，我们也能借助朋友的帮助，更轻松地找到自己的路，甚至找到自己。

随着时间的推移，大部分人都将走出创伤。当生活天翻地覆，我们完全有可能带着新的力量走出黑暗，或在生活中找到新的方向。奇异的事情已经发生了。

"如要报告失踪人员，请尽快联系当地执法部门。与影视剧有所不同，大多数州对'人员失踪多久后才能报案'并无要求。"[11]如果儿童失踪或遭遇虐待，请联系当地执法部门，美国国家失踪及被剥削儿童中心也将持续跟进。联系电话：1–800–THE–LOST（1–800–843–5678）。如需了解更多信息，请登录 missingkids.org 及 familiesofthemissing.org。

注 释

注意：剧中每集的名称都带有章节数，比如"第一章：威尔·拜尔斯消失不见"。由于章节数与集数重复，因此下文将省去章节数。

1. "朋友不会撒谎"：友谊理论及要素

1. 第一季第二集，"枫树街怪人"（The Weirdo on Maple Street，2016 年 7 月 15 日）。编者注：字幕中少了一个"that"，但请仔细听听看。

2. Keller，由 Lash 引用（1997）。

3. Denworth（2020）；Hojat & Moyer（2016）.

4. Collins & Laursen（2000）.

5. Larson et al.（1996）.

6. Christakis & Fowler（2009）.

7. 第一季第六集，"怪物"（The Monster，2016 年 7 月 15 日）。

8. Berndt & Perry（1983）.

9. Bukowski et al.（1994）.

10. Bukowski et al.（1994）.

11. 第二季第一集，"疯狂麦克斯"（MADMAX，2017 年 10 月 27 日）。

12. 第一季第二集，"枫树街怪人"（The weirdo on Maple Street，2016 年 7 月 15 日）。

13. 第一季第三集，"圣诞快乐"（Holly，Jolly，2016 年 7 月 15 日）。

14. 第一季第四集，"尸体"（The Body，2016 年 7 月 15 日）。

15. 第二季第三集，"蝌蚪"（The Pollywog，2017 年 10 月 27 日）。

16. 第一季第五集，"跳蚤与杂技演员"（The Flea and the Acrobat，2016 年 7 月 15 日）；第二季第九集，"大门"（The Gate，2017 年 10 月 27 日）。

17. 第三季第三集，"失踪救生员案"，（The Case of the Missing Lifeguard，2019 年 7 月 4 日 ）；第四季第一集，"地狱火俱乐部"（The Hellfire Club，2022 年 5 月 27 日）。

18. Bukowski et al.（1994）.

19. 第一季第三集，"圣诞快乐"（Holly，Jolly，2016 年 7 月 15 日）。

20. 分别为第四季第五集，"妮娜项目"（The Nina Project）及第四季第一集，"地狱火俱乐部"（The Hellfire Club，2022 年 5 月 27 日）。

21. 第一季第七集，"浴缸"（The Bathtub，2016 年 7 月 15 日）。

22. 第一季第六集，"怪物"（The Monster，2016 年 7 月 15 日）。

23. 第二季第七集，"失散的姐姐"（The Lost Sister，2017 年 10 月 27 日）。

24. 第二季第一集，"疯狂麦克斯"（MADMAX，2017 年 10 月 27 日）。

25. 第二季第六集，"间谍"（The Spy，2017 年 10 月 27 日）。

26. 第二季第五集，"打空气"（Dig Dug，2017 年 10 月 27 日）。

27. Bukowski et al.（1994），p.476.

28. 第一季第五集，"跳蚤与杂技演员"（The Flea and the Acrobat，2016 年 7 月 15 日）。

29. 第二季第五集，"打空气"（Dig Dug，2017 年 10 月 27 日）。

30. 第一季第二集，"枫树街怪人"（The Weirdo on Maple Street，2016 年 7 月 15 日）。

31. 第一季第六集，"怪物"（The Monster，2016 年 7 月 15 日）。

32. 第二季第五集，"打空气"（Dig Dug，2017 年 10 月 27 日）。

33. Bukowski et al.（1994）.

34. 第一季第一集，"威尔·拜尔斯消失不见"（The Vanishing of Will Byers，2016 年 7 月 15 日）。

35. 第一季第四集，"尸体"（The Body，2016 年 7 月 15 日）。

36. 第一季第六集，"怪物"（The Monster，2016 年 7 月 15 日）。

37. Shantz & Hobart（1989）.

38. 第一季第二集，"枫树街怪人"（The Weirdo on Maple Street，2016 年 7 月 15 日）。

39. 第二季第二集，"不给糖就捣蛋，怪胎"（Trick or Treat, Freak，2017 年 10 月 27 日），关于《捉鬼敢死队》（1984 年电影）的片段。

40. Buhrmester & Furman（1986）.

41. Buhrmester & Furman（1986）.

42. 第三季第三集，"失踪救生员案"（The Case of the Missing Lifeguard，2019 年 7 月 4 日）；第四季第三集，"怪物与超级英雄"（The Monster and the Superhero，2022 年 5 月 27 日）。

43. 第三季第三集，"失踪救生员案"（The Case of the Missing Lifeguard，2019 年 7 月 4 日）。

44. 第一季第四集，"尸体"（The Body，2016 年 7 月 15 日）；第三季第三集，"失踪救生员案"（The Case of the Missing Lifeguard，2019 年 7 月 4 日）。

45. 第三季第七集，"咬"（The Bite，2019 年 7 月 4 日）。

46. Shea et al.（1988）.

47. 第二季第二集，"不给糖就捣蛋，怪胎"（Trick or Treat, Freak，2017 年 10 月 27 日）。

48. 第四季第七集，"霍金斯实验室大屠杀"（The Massacre at Hawkins Lab，2022 年 5 月 27 日）。

49. Wrzus et al.（2013）.

50. Halatsis & Christakis（2009）.

51. 第三季第八集，"星庭之战"（The Battle of Starcourt，2019 年 7 月 4 日）。

52. 第三季第二集，"商场老鼠"（The Mall Rats，2019 年 7 月 4 日）。

53. 第三季第三集，"失踪救生员案"（The Case of the Missing

Lifeguard，2019 年 7 月 4 日）。

54. 第三季第八集，"星庭之战"（The Battle of Starcourt，2019 年 7 月 4 日）。

55. 第四季第一集，"地狱火俱乐部"（The Hellfire Club，2022 年 5 月 27 日）；第四季第九集，"背负"（The Piggyback，2022 年 7 月 1 日）。

56. 第四季第六集，"潜入"（The Dive，2022 年 5 月 27 日）。

57. Bukowski et al.（1994）.

58. Bukowski et al.（1994）.

59. 第一季第六集，"怪物"（The Monster，2016 年 7 月 15 日）。

60. 第二季第七集，"失散的姐姐"（The Missing Sister，2017 年 10 月 27 日）。

2. 在颠倒世界中找到前行方向：典型与非典型的青少年发育路径

1. 第二季第五集，"打空气"（Dig Dug，2017 年 10 月 27 日）。

2. Satir（1988），quoted by Huffman et al.（2017），p.301.

3. Hensums et al.（2022）；Van Zantvliet et al.（2020）.

4. Emmerlink et al.（2016）；Favrid et al.（2017）；Friedlander et al.（2007）.

5. Somerville（2013）.

6. 第一季第一集，"威尔·拜尔斯消失不见"（The Vanishing of Will Byers，2016 年 7 月 15 日）。

7. Adams & Kurtis（2015）; Bagwell & Schmidt（2011）; Verkuyten & Masson（1996）.

8. 第一季第八集，"颠倒世界"（The Upside Down，2016 年 7 月 15 日）。

9. Huddleston & Ge（2003）.

10. 第一季第六集，"怪物"（The Monster，2016 年 7 月 15 日）。

11. Kim et al.（2007）.

12. 第一季第四集，"尸体"（The Body，2016 年 7 月 15 日）。

13. 第二季第二集，"不给糖就捣蛋，怪胎"（Trick or Treat, Freak，2017 年 10 月 27 日）。

14. 第二季第一集，"疯狂麦克斯"（MADMAX，2017 年 10 月 27 日）。

15. Smith et al.（2014）; 第二季第二集，"不给糖就捣蛋，怪胎"（Trick or Treat，Freak，2017 年 10 月 27 日）。

16. Glace et al.（2021）.

17. 第二季第三集，"蝌蚪"（The Pollywog，2017 年 10 月 27 日）。

18. Somerville（2013）.

19. 第一季第一集，"威尔·拜尔斯消失不见"（The Vanishing of Will Byers，2016 年 7 月 15 日）。

20. 第一季第六集，"怪物"（The Monster，2016 年 7 月 15 日）。

21. Kim et al.（2007）.

22. 第一季第一集，"威尔·拜尔斯消失不见"（The Vanishing of

Will Byers，2016 年 7 月 15 日）。

23. 第一季第七集，"浴缸"（The Bathtub，2016 年 7 月 15 日）。

24. Hyde et al.（2012）.

25. 第三季第一集，"苏茜，你收到了吗？"（Suzie，Do you Copy? 2019 年 7 月 4 日）。

26. Hyde et al.（2012）.

27. 虽然麦克斯使用的"跟踪狂"一词直到 20 世纪 90 年代才被普及。Lowney & Best（1995）；Mullen et al.（2001）.

28. Schelfhout et al.（2021）.

29. Glace et al.（2021）.

30. 第二季第二集，"失踪救生员案"，（The Case of the Missing Lifeguard，2019 年 7 月 4 日）；第四季第八集，"爸爸"（Papa，2022 年 7 月 1 日）。

31. 第二季第六集，"间谍"（The Spy，2017 年 10 月 27 日）。

32. Cass（1979）.

33. 第三季第三集，"失踪救生员案"，（The Case of the Missing Lifeguard，2019 年 7 月 4 日）。

34. 第三季第五集，"被夺者"，（The Flayed，2019 年 7 月 4 日）。

35. Cass（1979）.

36. 第三季第七集，"咬"（The Bite，2019 年 7 月 4 日）。

37. 第四季第九集，"背负"（The piggyback，2022 年 7 月 1 日）。

38. Cass（1979）；第四季第一集，"地狱火俱乐部"（The Hellfire

Club，2022 年 5 月 27 日）。

39. 美国精神病学协会（2013）。

40. Moules et al.（2017）.

41. Guz et al.（2022）; Yule et al.（2013）.

42. Conley–Fonda & Leisher（2018）.

43. Verhulst（1984）.

44. 第三季第二集，"商场老鼠"（The Mall Rats，2019 年 7 月 4 日）。

45. Stapley & Murdock（2020）.

46. 第二季第六集，"间谍"（The Spy，2017 年 10 月 27 日）。

47. 第三季第七集，"咬"（The Bite，2019 年 7 月 4 日）。

48. Vary（2022）.

49. Jessica（2022）.

50. Clark & Zimmerman（2022）; Hille et al.（2020）; Kassel（2021）; Kelleher & Murphy（2022）.

51. Elipe et al.（2021）; Fabris et al.（2022）; Hill et al.（2022）; McCown & Platt（2021）.

52. 第四季第九集，"背负"（The piggyback，2022 年 7 月 1 日）。见 Casey et al.（2022）; Catalano（2022）; Rostosky & Riggle（2015）.

3. 社交的好处（与坏处）

1. 第二季第九集，"大门"（The Gate，2017 年 10 月 27 日）。

2. Lieberman（2013），pg.43.

3. Lieberman（2013），pg.43.

4. Baumeister & Leary（1995）.

5. 第一季第六集，"怪物"（The Monster，2016 年 7 月 15 日）、第四季第一集，"地狱火俱乐部"（The Hellfire Club），及第四季第六集，"潜入"（The Dive，2022 年 5 月 27 日）。

6. Baumeister & Leary（1995）.

7. Breen & O'Connor（2011）；Cohen & Wills（1985）；Shaw et al.（2004）；Smith et al.（2013）；Symister & Friend（2003）.

8. Burleson & MacGeorge（2002）.

9. Arora（2008）.

10. 第一季第二集，"枫树街怪人"（The Weirdo on Maple Street，2016 年 7 月 15 日）。

11. 第一季第四集，"尸体"（The Body，2016 年 7 月 15 日）；第二季第二集，"不给糖就捣蛋，怪胎"（Trick or Treat，Freak，2017 年 10 月 27 日）。

12. 第二季第二集，"不给糖就捣蛋，怪胎"（Trick or Treat，Freak，2017 年 10 月 27 日）。

13. 第一季第三集，"圣诞快乐"（Holly，Jolly，2016 年 7 月 15 日）；第二季第九集，"大门"（The Gate，2017 年 10 月 27 日）。

14. 第一季第八集，"颠倒世界"（The Upside Down，2016 年 7 月 15 日）。

15. 第一季第一集，"威尔·拜尔斯消失不见"（The Vanishing of Will Byers，2016 年 7 月 15 日）；第一季第二集，"枫树街怪人"（The

Weirdo on Maple Street，2016 年 7 月 15 日）。

16. 第二季第九集，"大门"（The Gate，2017 年 10 月 27 日）。

17. 第一季第一集，"威尔·拜尔斯消失不见"（The Vanishing of Will Byers，2016 年 7 月 15 日）。

18. Wesselmann et al.（2021）.

19. Roberts et al.（2015）；物质滥用和精神健康服务管理局（2014）。

20. 第一季第一集，"威尔·拜尔斯消失不见"（The Vanishing of Will Byers，2016 年 7 月 15 日）；第一季第二集，"枫树街怪人"（The Weirdo on Maple Street，2016 年 7 月 15 日）。

21. 第二季第九集，"大门"（The Gate，2017 年 10 月 27 日）。

22. Dobkin et al.（2002）；Stevens et al.（2015）.

23. 第一季第一集，"威尔·拜尔斯消失不见"（The Vanishing of Will Byers，2016 年 7 月 15 日）。

24. Riva & Eck（2016）；Wesselmann & Parris（2021）.

25. Chow et al.（2008）；Leary et al.（1998）；Stillman et al.（2009）；Williams（2009）.

26. Eisenberger et al.（2003）；MacDonald & Leary（2005）.

27. Abrams et al.（2011）.

28. Wesselmann & Williams（2017）.

29. 第一季第二集，"枫树街怪人"（The Weirdo on Maple Street，2016 年 7 月 15 日）；第一季第三集，"圣诞快乐"（Holly，Jolly，2016 年 7 月 15 日）；第二季第二集，"不给糖就捣蛋，怪胎"（Trick

or Treat，Freak，2017 年 10 月 27 日）。

30. Ford et al.（2020）；Klages & Wirth（2014）.

31. 第二季第二集，"不给糖就捣蛋，怪胎"（Trick or Treat，Freak，2017 年 10 月 27 日）；第四季第二集，"维克那的诅咒"（Vecna's Curse，2022 年 5 月 27 日）。

32. 第一季第二集，"枫树街怪人"（The Weirdo on Maple Street，2016 年 7 月 15 日）；第二季第一集，"疯狂麦克斯"（MADMAX，2017 年 10 月 27 日）。

33. Rudert et al.（2017）；Williams & Nida（2009）.

34. James（1890/1950），pp.293‑294.

35. 第一季第一集，"枫树街怪人"（The Weirdo on Maple Street，2016 年 7 月 15 日）；第二季第九集，"大门"（The Gate，2017 年 10 月 27 日）。

36. 第二季第九集，"大门"（The Gate，2017 年 10 月 27 日）。

37. Hayes et al.（2018）；Smith & Williams（2004）；Williams et al.（2002）；Wolf et al.（2015）.

38. 第三季第一集，"苏茜，你收到了吗？"（Suzie, Do you Copy?，2019 年 7 月 4 日）。

39. Riva et al.（2017）；Williams（2009）.

40. 第二季第一集，"疯狂麦克斯"（MADMAX，2017 年 10 月 27 日）。

41. 第一季第二集，"枫树街怪人"（The Weirdo on Maple Street，2016 年 7 月 15 日），及第一季第八集，"颠倒世界"（The Upside

Down，2016 年 7 月 15 日）。此外也请参见第四季第九集，"背负"（The Piggyback，2022 年 7 月 1 日）。

42. Gibson et al.（2002）；Jenkins（2012）；McCain et al.（2015）；Reysen et al.（2016）；《粉丝分析》（*Fanalysis*，2000 年纪录片）；《绝地武士迷》（*Jedi Junkies*，2010 年纪录片）。

43. 第二季第九集，"大门"（2017 年 10 月 27 日）。

44. Brewer（2003）.

45. Reysen et al.（2016）.

46. 第一季第八集，"颠倒世界"（The Upside Down，2016 年 7 月 15 日）。

4. 男孩的派对：如何免受有毒男子气概的荼毒

1. 由 C. A. S. King 引用（1983/1987），p.3。

2. 第三季第一集，"苏茜，你收到了吗？"（Suzie，Do you Copy?，2019 年 7 月 4 日）。

3. 第三季第三集，"失踪救生员案"，（The Case of Missing Lifeguard，2019 年 7 月 4 日）。

4. Pollock（2006）.

5. Kinsey et al.（1948，1953）.

6. 诚然，金赛研究所的研究也曾受到批评，比如 Ericksen（1998），Smith（1991）。

7. 原称性角色（sex roles）——Bem（1974，1975）；Constantinople（1973）。

8. Brannon & Juni（1984）；David & Brannon（1976）.

9. Bliss（1995）.

10. Levant & Lien（2014）.

11. Preece（2017）.

12. Karakis & Levant（2012）；Karren（2014）.

13. 第一季第五集，"跳蚤与杂技演员"（The Flea and the Acrobat，2016 年 7 月 15 日）。

14. 第三季第一集，"苏茜，你收到了吗？"（Suzie, Do you Copy?，2019 年 7 月 4 日）。

15. Ribot（1896/2018）.

16. Schwartz & Galperin（2002）；Walton et al.（2016）.

17. Weinstein et al.（2012）.

18. 第三季第八集，"星庭之战"（The Battle of Starcourt，2019 年 7 月 4 日）。

19. Maki（2019）；Prudom（2017）；Thompson（2017）.

20. 第三季。

21. 第四季第一集，"地狱火俱乐部"（The Hellfire Club，2022 年 5 月 27 日）。

22. 第一季第四集，"尸体"（The Body，2016 年 7 月 15 日）。

23. Bevens & Loughnan（2019）；Seabrook et al.（2019）；Vaes et al.（2011）.

24. 第二季第二集，"不给糖就捣蛋，怪胎"（Trick or Treat, Freak，2017 年 10 月 27 日）。

25. 第二季第三集,"蝌蚪"(The Pollywog,2017 年 10 月 27 日)。

26. Renfro(2017).

27. 第三季第二集,"商场老鼠"(The Mall Rats,2019 年 7 月 4 日)、第三季第三集,"失踪救生员案"(The Case of the Missing Lifeguard,2019 年 7 月 4 日)。

28. Berke et al.(2020);De Visser & Smith(2007);Fugitt & Ham(2018).

29. 第三季第三集,"失踪救生员案"(The Case of the Missing Lifeguard,2019 年 7 月 4 日)。

30. Reitman & Drabman(1997);Zhu et al.(2015).

31. 第二季第一集,"疯狂麦克斯"(MADMAX,2017 年 10 月 27 日)。

32. Fournier et al.(2007);Price et al.(1994);Szücs et al.(2020).

33. Kiselica et al.(2016).

34. Kiselica(2011);Kiselica et al.(2016);McDermott et al.(2019);Ringdahl(2020).

35. 威尔:第一季第七集,"浴缸"(The Bathtub,2016 年 7 月 15 日);第四季第八集,"爸爸"(Papa,2022 年 7 月 1 日)。迈克:第一季第二集,"枫树街怪人"(The Weirdo on Maple Street)及第一季第五集,"跳蚤与杂技演员"(The Flea and the Acrobat,2016 年 7 月 15 日);第二季第二集,"不给糖就捣蛋,怪胎"(Trick or Treat,Freak)及第二季第六集,"间谍"(The Spy,2017 年 10 月 27 日)。

36. 第一季第五集,"跳蚤与杂技演员"(The Flea and the Acrobat)

及第一季第七集，"浴缸"（The Bathtub，2016 年 7 月 15 日）；第四季第四集，"亲爱的比利"（Dear Billy）及第四季第五集，"妮娜项目"（The Nina Project，2022 年 5 月 27 日）。

37. 第一季第二集，"枫树街怪人"（The Weirdo on Maple Street）、第一季第五集，"跳蚤与杂技演员"（The Flea and the Acrobat）及第一季第八集，"颠倒世界"（The Upside Down，2016 年 7 月 15 日）。

38. Clary et al.（2021）；Karner（1995）；McCreary（2022）；Neilson et al.（2020）；Sitko-Dominik & Jakubowski（2022）.

39. 第二季第九集，"大门"（The Gate，2017 年 10 月 27 日）；第三季第一集，"苏茜，你收到了吗？"（Suzie, Do you Copy?，2019 年 7 月 4 日）；第四季第九集，"背负"（The piggyback，2022 年 7 月 1 日）。

40. Gooden（2019）；Sterlin（2020）；Trollo（2017）.

41. 第一季第七集，"浴缸"（The Bathtub，2016 年 7 月 15 日）。

42. 分别为：第一季第六集，"怪物"（The Monster，2016 年 7 月 15 日）；第二季第九集，"大门"（The Gate，2017 年 10 月 27 日）；第四季第一集，"地狱火俱乐部"（The Hellfire Club，2022 年 5 月 27 日）。

43. Skalski & Pochwatko（2020）；Wajsblat（2012）.

44. 第二季第六集，"间谍"（The Spy，2017 年 10 月 27 日）。

45. 第二季第六集，"间谍"（The Spy，2017 年 10 月 27 日）及第二季第八集，"夺心魔"（The Mind Flayer，2017 年 10 月 27 日）；第三季第五集，"被夺者"（The Flayed，2019 年 7 月 4 日）；第四季

第五集，"妮娜项目"（The Nina Project，2022 年 5 月 27 日）。

46. 第三季第七集，"咬"（The Bite，2019 年 7 月 4 日）。

47. 第四季第一集，"地狱火俱乐部"（The Hellfire Club，2022 年 5 月 27 日）。

48. 第四季第六集，"潜入"（The Dive，2022 年 5 月 27 日）。

49. 第二季第八集，"夺心魔"（The Mind Flayer，2017 年 10 月 27 日）。

50. 第三季第二集，"商场老鼠"（The Mall Rats，2019 年 7 月 4 日）。

51. Buerkle（2019）；Frodi（1977）；Grieve et al.（2019）；Matos et al.（2018）.

52.《怪形》（1982 年电影）；第一季第七集，"浴缸"（The Bathtub，2016 年 7 月 15 日）。

53. 鲍勃的建议是善意的，虽然结果很糟糕，但他并无恶意。

54. 迈克与爸爸的对比再鲜明不过了。他的爸爸态度冷淡，似乎是一个无法表露情感的男人。除了老生常谈外，他鲜少表达想法。

55. 第三季第八集，"星庭之战"（The Battle of Starcourt，2019 年 7 月 4 日）。

56. Kahneman & Tversky（1972）.

57. Elison（2003）；Justman（2021）；Link et al.（1977）；Widiger & Crego（2021）.

58. 第四季第七集，"霍金斯实验室大屠杀"（The Massacre at Hawkins Lab，2022 年 5 月 27 日）。

59. Book et al.（2016）.

60. 第四季第四集，"亲爱的比利"（Dear Billy，2022 年 5 月 27 日）。

5. 80 年代白日梦，抑或抚慰人心的噩梦？审视《怪奇物语》对霍金斯镇黑人族群的呈现

1. The postarchive（2016）.

2. 第二季第四集，"智者威尔"（Will the Wise，2017 年 10 月 27 日）。

3. Shamsian（2017）.

4. Solsman（2019）.

5. Riggio（2014）.

6. OseiOpare（2020）.

7. Wilhem（2017）.

8. Bartlett（2017）.

9. Mell–Taylor（2019）.

10. Gomer & Petrella（2017）.

11. Hayes（2017）.

12. Lowy（1991）.

13. Wiese（2004）.

14. 第二季第五集，"打空气"（Dig Dug，2017 年 10 月 27 日）。

15. Graves（2017）.

16.《周六夜现场》，第四十二季第二集，"林 – 曼努尔·米兰达

与二十一名飞行员乐队"（Lin-Manuel Miranda and Twenty-One Pilots，2016 年 10 月 8 日）。

17. Kumar（2019）.

18. De Loera-Brust（2017）.

19. Lozenski（2018）.

20. Klotz & Whithaus（2015）.

21. Bartlett（2017）.

22. Boatright-Horowitz et al.（2012）.

23. Zevnik（2017）.

24. Lowy（1991）.

25. McFarland（2017）.

26. Wing et al.（2019）.

27. Wing et al.（2019）.

28. McFarland（2017）.

29. Wilhelm（2017）.

30. Bartlett（2017）.

31. Norton & Sommers（2011）.

32. DiAngelo（2018）.

33. Case & Ngo（2017）.

34. 第二季第四集，"智者威尔"（Will the Wise，2017 年 10 月 27 日）。

35. 可能仅会反抗奴役了他的生物。——编者注

36. Lamar（2019）.

37. Loera-Brust（2017）.

38. Smith（2013）.

39. 第二季第二集，"不给糖就捣蛋，怪胎"（Trick or Treat, Freak，2017 年 10 月 27 日）。

40. Gooden（2014）.

41. Ritchey（2014）.

42. 第二季第二集，"不给糖就捣蛋，怪胎"（Trick or Treat, Freak，2017 年 10 月 27 日）。

43. Lamar（2019）.

44. Gooden（2014）.

45. Cross（1991）.

46. Ritchey（2014）.

47. Gooden（2014）.

48. Lamar（2019）.

49. 第三季第四集，"桑拿测试"（The Sauna Test，2019 年 7 月 4 日）。

50. Mell-Taylor（2019）.

51. Turner（2014）.

52. Turner（2014）.

53. Smith（2013）.

54. Turner（2014）.

6. 霸凌：什么是霸凌以及如何应对霸凌

1. Olweus（1993），p.1.

2. 第一季第四集，"尸体"（The Body，2016 年 7 月 15 日）。

3. Vidourek et al.（2016）.

4. 第一季第六集，"怪物"（The Monster，2016 年 7 月 15 日）；第二季第一集，"疯狂麦克斯"（MADMAX，2017 年 10 月 27 日）。

5. Andreou et al.（2021）；Eyuboglu et al.（2021）；Vidourek et al.（2016）.

6. 第四季第一集，"地狱火俱乐部"（The Hellfire Club，2022 年 5 月 27 日）及第四季第二集，"维克那的诅咒"（Vecna's Curse，2022 年 5 月 27 日）。

7. Eyuboglu et al.（2021）.

8. Midgett & Doumas（2019）；Polanin et al.（2012）.

9. 第四季第一集，"地狱火俱乐部"（The Hellfire Club，2022 年 5 月 27 日）。

10. Olweus（1993）.

11. 第一季第一集，"威尔·拜尔斯消失不见"（The Vanishing of Will Byers，2016 年 7 月 15 日）。

12. 第一季第一集，"威尔·拜尔斯消失不见"（The Vanishing of Will Byers，2016 年 7 月 15 日）。

13. 第一季第一集，"威尔·拜尔斯消失不见"（The Vanishing of Will Byers，2016 年 7 月 15 日）；第一季第四集，"尸体"（The Body，2016 年 7 月 15 日）。

14. Eyuboglu et al.（2021）.

15. Marsh et al.（2011）.

16. 第二季第八集，"夺心魔"（The Mind Flayer，2017 年 10 月 27 日）；Pak（2020）。

17. Patchin & Hinduja（2006）；Olweus（1993）.

18. 第一季第四集，"尸体"（The Body，2016 年 7 月 15 日）。

19. 第二季第九集，"大门"（The Gate，2017 年 10 月 27 日）。

20. 第一季第六集，"怪物"（The Monster，2016 年 7 月 15 日）。

21. 第一季第四集，"尸体"（The Body，2016 年 7 月 15 日）。

22. Sue et al.（2010）.

23. 第二季第二集，"不给糖就捣蛋，怪胎"（Trick or Treat, Freak，2017 年 10 月 27 日）。

24. 第三季第二集，"商场老鼠"（The Mall Rats，2019 年 7 月 4 日）。

25. Galán et al.（2021）.

26. 第一季第一集，"威尔·拜尔斯消失不见"（The Vanishing of Will Byers，2016 年 7 月 15 日）。

27. Salmon et al.（2018）.

28. De Vries et al.（2021）.

29. Chen et al.（2020）.

30. Chen et al.（2020）.

31. De Vries et al.（2021）.

32. Marsh et al.（2011）.

33. Yao et al.（2021）.

34. Chen et al.（2020）；Yao et al.（2021）.

35. 第二季第四集，"智者威尔"（Will the Wise，2017 年 10 月 27 日）；第三季第六集，"合众为一"（E Pluribus Unum，2019 年 7 月 4 日）。

36. Marsh et al.（2011）；Parris et al.（2019）.

37. 第一季第七集，"浴缸"（The Bathtub，2016 年 7 月 15 日）。

38. Parris et al.（2019）.

39. 第二季第九集，"大门"（The Gate，2017 年 10 月 27 日）。

40. Tenenbaum et al.（2012）.

41. Kochenderfer–Ladd & Skinner（2002）.

42. Parris et al.（2019）.

43. 第二季第一集，"疯狂麦克斯"（MADMAX，2017 年 10 月 27 日）。

44. Parris et al.（2020）.

45. 第二季第九集，"大门"（The Gate，2017 年 10 月 27 日）。

46. Pozzoli et al.（2017）.

47. 第一季第四集，"尸体"（The Body，2016 年 7 月 15 日）。

48. Parris et al.（2020）.

49. Parris et al.（2020）.

50. Parris et al.（2020）.

51. Tenenbaum et al.（2012）.

52. 第二季第一集，"疯狂麦克斯"（MADMAX，2017 年 10 月 27 日）。

53. Hutson et al.（2021）.

54. 第三季第四集，"桑拿测试"（The Sauna Test，2019 年 7 月 4 日）。

55. Polanin et al.（2012）.

56. Morrison（2006）.

57. 第一季第八集，"颠倒世界"（The Upside Down，2016 年 7 月 15 日）。

58. Polanin et al.（2012）.

59. 第四季第一集，"地狱火俱乐部"（The Hellfire Club，2022 年 5 月 27 日）。

60. 第四季第五集，"妮娜项目"（The Nina Project，2022 年 5 月 27 日）。

61. 第三季第八集，"星庭之战"（Battle of Starcourt，2019 年 7 月 4 日）。

62. 第四季第一集，"地狱火俱乐部"（The Hellfire Club，2022 年 5 月 27 日）。

7. 儿童失踪及对至亲的影响

1. 第一季第四集，"尸体"（The Body，2016 年 7 月 15 日）。

2. 失踪者家属协会（无日期）。

3. 第一季第一集，"威尔·拜尔斯消失不见"（The Vanishing of Will Byers，2016 年 7 月 15 日）。

4. 第一季第一集，"威尔·拜尔斯消失不见"（The Vanishing of

Will Byers，2016 年 7 月 15 日）。

5. 第一季第二集，"枫树街怪人"（The Weirdo on Maple Street，2016 年 7 月 15 日）。

6. Jasper（2006）；Kutner（2016）.

7. Jin（2020）；Palmer（2012）.

8. Sephton（2017）.

9. 国际失踪及受剥削儿童中心（2022）。

10. 美国国家犯罪信息中心（2020，2022）。

11. Baraković et al.（2014）.

12. Boss & Greenberg（1984）；Boss et al.（1990）；Hollingsworth et al.（2016）；Pasley & Ihinger-Tallman（1989）.

13. Greco & Roger（2003）；Heeke et al.（2015）；Lenferink et al.（2019）.

14. Kennedy et al.（2019）.

15. 第一季第三集，"圣诞快乐"（Holly Jolly，2016 年 7 月 15 日）。

16. Wayland et al.（2016）.

17. Lenferink et al.（2017）.

18. Kahneman & Miller（1986）；McGraw et al.（2005）；Medvec et al.（1995）.

19. Carey et al.（2014）.

20. 第一季第一集，"威尔·拜尔斯消失不见"（The Vanishing of Will Byers，2016 年 7 月 15 日）及第一季第二集，"枫树街怪人"

（The Weirdo on Maple Street，均为 2016 年 7 月 15 日）。

21. 第一季第五集，"跳蚤与杂技演员"（The Flea and the Acrobat，2016 年 7 月 15 日）。

22. Hsu et al.（2015）；Igbal & Dar（2015）；Olatunji et al.（2013）.

23. 第二季第一集，"疯狂麦克斯"（MADMAX，2017 年 10 月 27 日）。

24. 第二季第五集，"打空气"（Dig Dug，2017 年 10 月 27 日）。

25. Kang et al.（2014）.

26. 第二季第一集，"疯狂麦克斯"（MADMAX，2017 年 10 月 27 日）。

27. Greenbaum et al.（2020）.

28. Zgoba（2004）.

8. 失去你：探索失踪者、模糊丧失及接纳之旅

1. De Lamartine（1820/2000）.

2. 第一季第四集，"尸体"（The Body，2016 年 7 月 15 日）。

3. 第一季第二集，"枫树街怪人"（The Weirdo on Maple Street，2016 年 7 月 15 日）。

4. Kübler–Ross（1973）.

5. Horowitz（1976）.

6. Horowitz（1976）.

7. 第一季第一集，"威尔·拜尔斯消失不见"（The Vanishing of Will Byers，2016 年 7 月 15 日）。

8. Parks（1998）.

9. Devan（1993）.

10. 第一季第四集，"尸体"（The Body，2016 年 7 月 15 日）。

11. Devan（1993）.

12. Isuru et al.（2021）.

13. 第一季第一集，"威尔·拜尔斯消失不见"（The Vanishing of Will Byers，2016 年 7 月 15 日）。

14. Wayland et al.（2016）.

15. Hollander（2016）.

16. Kajtazi–Testa et al.（2018）.

17. Blaauw（2002）.

18. Kubler–Ross（1973）.

19. 美国国家犯罪信息中心（2020，2022）。

20. James et al.（2008）；Swanton et al.（1989）.

21. Arenliu et al.（2019）.

22. Finkelhor et al.（1990）；Lampinen et al.（2012）；Lewit et al.（1998）.

23. Mitchell et al.（2003）.

24. Rees（2011）；Hendersonetal.（1999）；Sanchezetal.（2006）；Thompsonetal.（2012）；Tuckeret al.（2011）.

25. 第一季第一集，"威尔·拜尔斯消失不见"（The Vanishing of Will Byers，2016 年 7 月 15 日）。

26. Arenliu et al.（2019）.

27. Finkelhor et al.（1990）.

28. 第二季第一集，"疯狂麦克斯"（MADMAX，2017 年 10 月 27 日）。

29. 第一季第八集，"颠倒世界"（The Upside Down，2016 年 7 月 15 日）。

30. 第三季第八集，"星庭之战"（The Battle of Starcourt，2019 年 7 月 4 日）。

31. Finkelhor et al.（1990）.

32. 第一季第一集，"威尔·拜尔斯消失不见"（The Vanishing of Will Byers，2016 年 7 月 15 日）。

33. 第一季第八集，"颠倒世界"（The Upside Down，2016 年 7 月 15 日）。

34. DeYoung et al.（2003）；Finkelhor et al.（1990）.

35. 第一季第五集，"跳蚤与杂技演员"（The Flea and the Acrobat）及第一季第六集，"怪物"（The Monster，均为 2016 年 7 月 15 日）。

36. Flowers（2001）.

37. 第一季第一集，"威尔·拜尔斯消失不见"（The Vanishing of Will Byers，2016 年 7 月 15 日）。

38. 第一季第一集，"威尔·拜尔斯消失不见"（The Vanishing of Will Byers，2016 年 7 月 15 日）。

39. Flowers（2001）.

40. Horowitz（1976）.

41. Lampinen et al.（2016）.

42. 第二季第五集，"打空气"（Dig Dug，2017 年 10 月 27 日）。

43. Henderson et al.（1999）.

44. James et al.（2008）.

45. Kajtazi-Testa et al.（2018）.

46. 第二季第一集，"疯狂麦克斯"（MADMAX，2017 年 10 月 27 日）。

47. Kajtazi-Testa et al.（2018）.

48. Kajtazi-Testa et al.（2018）.

49. 第一季第二集，"枫树街怪人"（The Weirdo on Maple Street，2016 年 7 月 15 日）。

50. Morewitz et al.（2016）.

51. 第一季第一集，"威尔·拜尔斯消失不见"（The Vanishing of Will Byers，2016 年 7 月 15 日）。

52. Hein et al.（2010）.

53. Herrera et al.（2018）.

54. Hein et al.（2010）.

55. Dasgupta et al.（2004）.

56. 第一季第四集，"尸体"（The Body，2016 年 7 月 15 日）。

57. 第一季第四集，"尸体"（The Body，2016 年 7 月 15 日）。

58. Morewitz et al.（2016）.

59. 第二季第一集，"疯狂麦克斯"（MADMAX，2017 年 10 月 27 日）。

60. Davies（2020）.

61. Morewitz et al.（2016）.

62. 第二季第一集，"疯狂麦克斯"（MADMAX，2017 年 10 月 27 日）。

63. Azarian et al.（1999）；Cohen（2007）；Gabriel（1992）；Porcelli et al.（2012）.

64. Van der Kolk（1994）.

65. 第二季第一集，"疯狂麦克斯"（MADMAX，2017 年 10 月 27 日）。

66. Pfaltz et al.（2013）.

67. Tarling et al.（2004）.

68. Testoni et al.（2020）.

69. 第一季第三集，"圣诞快乐"（Holly，Jolly，2016 年 7 月 15 日）。

70. 第一季第三集，"圣诞快乐"（Holly，Jolly）及第一季第七集，"浴缸"（The Bathtub，2016 年 7 月 15 日）；第二季第九集，"大门"（The Gate，2017 年 10 月 27 日）。

71. 比如第四季第四集，"亲爱的比利"（Dear Billy）及第四季第六集，"潜入"（The Dive，2022 年 5 月 27 日）；第四季第九集，"背负"（The Piggyback，2022 年 7 月 1 日）。

72. Boss（2006）.

73. Boss（2006）.

74. Testoni et al.（2020）.

75. 第二季第一集，"疯狂麦克斯"（MADMAX，2017 年 10 月

27 日）。

76. Testoni et al.（2020）.

77. 第一季第七集，"浴缸"（The Bathtub，2016 年 7 月 15 日）。

78. Woolnough et al.（2016）.

79. 第一季第八集，"颠倒世界"（The Upside Down，2016 年 7 月 15 日）。

80. Holmes（2014）.

81. 第二季第二集，"不给糖就捣蛋，怪胎"（Trick or Treat, Freak，2017 年 10 月 27 日）。

9. 孤独的事物：在朋友的帮助下应对创伤及孤独

1. Brown（2017）.

2. 第二季第七集，"失散的姐姐"（The Lost Sister，2017 年 10 月 27 日）。

3. 第一季第一集，"威尔·拜尔斯消失不见"（The Vanishing of Will Byers，2016 年 7 月 15 日）。

4. 第一季第六集，"怪物"（The Monster，2016 年 7 月 15 日）；第二季第五集，"打空气"（Dig Dug，2017 年 10 月 27 日）。

5. 从第四季第一集，"地狱火俱乐部"（The Hellfire Club）至第四季第四集，"亲爱的比利"（Dear Billy，2022 年 5 月 27 日）。

6. 第四季第五集，"妮娜项目"（The Nina Project，2022 年 5 月 27 日）。

7. Luhmann et al.（2016）；Shevlin et al.（2015）.

8. 第三季第一集,"苏茜,你收到了吗?"(Suzie, Do you Copy?,2019 年 7 月 4 日)。

9. Duek et al.(2021).

10. 第三季的大部分剧情。

11. Cacioppo et al.(2014).

12. Xu & Roberts(2010).

13. 第三季第二集,"商场老鼠"(The Mall Rats,2019 年 7 月 4 日)。

14. 第一季第八集,"颠倒世界"(The Upside Down,2016 年 7 月 15 日)。

15. Schawbel(2017).

16. Luhmann et al.(2016).

17. 第一季第八集,"颠倒世界"(The Upside Down,2016 年 7 月 15 日)。

18. 第二季第一集,"疯狂麦克斯"(MADMAX,2017 年 10 月 27 日)。

19. 第四季第七集,"霍金斯实验室大屠杀"(The Massacre at Hawkins Lab,2022 年 5 月 27 日)。

20. Schawbel(2017).

21. Cacioppo et al.(2009);Hawkley & Cacioppo(2003);Wilson et al.(2007).

22. 第二季第五集,"打空气"(Dig Dug,2017 年 10 月 27 日)。

23. Cacioppo & Hawkley(2009);Cacioppo et al.(2009).

24. Cacioppo & Hawkley（2009）; Cacioppo et al.（2009）.

25. Qualter et al.（2013）.

26. 第一季第五集，"跳蚤与杂技演员"（The Flea and the Acrobat，2016 年 7 月 15 日）。

27. Hawkley & Cacciopo（2010）.

28. 第一季第五集，"跳蚤与杂技演员"（The Flea and the Acrobat，2016 年 7 月 15 日）。

29. 第二季第三集，"蝌蚪"（The Pollywog，2017 年 10 月 27 日）。

30. 第四季全季。

31. Friedmann et al.（2006）; Tate（2018）.

32. Cacioppo et al.（2014）; Hawkley & Cacioppo（2010）.

33. Stickley & Koyanagi（2016）.

34. Stickley & Koyanagi（2016）.

35. 第二季第五集，"打空气"（Dig Dug，2017 年 10 月 27 日）。

36. Stickley & Koyanagi（2016）.

37. Eisenberger（2012）.

38. Coan et al.（2006）.

39. 第二季第九集，"大门"（The Gate，2017 年 10 月 27 日）。

40. 第二季第一集，"疯狂麦克斯"（MADMAX，2017 年 10 月 27 日）。

41. Bellosta-Batalla et al.（2020）; Crespi（2015）; Eppel & Lithgow（2014）.

42. Coghlan（2013）；Xu & Roberts（2010）.

43. 第三季第三集，"失踪救生员案"，（The Case of the Missing Lifeguard，2019 年 7 月 4 日）。

44. 第二季第六集，"间谍"（The Spy，2017 年 10 月 27 日）。

45. Friedmann et al.（2006）；Tate（2018）.

46. Coghlan（2013）；Xu & Roberts（2010）.

47. 第一季第八集，"颠倒世界"（The Upside Down，2016 年 7 月 15 日）。

10. 现时记忆：《怪奇物语》的怀旧魅力

1. Boym（2001），p.9.

2. 第二季第四集，"智者威尔"（Will the Wise，2017 年 10 月 27 日）。

3. Hepper et al.（2021）；Stefaniak et al.（2022）；Weiss & Dube（2021）.

4. Iyer & Jetten（2011）；Milligan（2003）；Pourtova（2013）.

5. Sedikides et al.（2008）.

6. Jiang et al.（2021）.

7. Cheung et al.（2018）.

8. Talarico & Rubin（2007）.

9. 第一季第四集，"尸体"（The Body，2016 年 7 月 15 日）。

10. 第二季第一集，"疯狂麦克斯"（MADMAX，2017 年 10 月 27 日）。

11. Yang et al.（2021）.

12. Adler & Hershfield（2012）; Hershfield et al.（2013）.

13. Pasupathi（2001）.

14. Howe & Courage（1993）.

15. Erikson & Erikson（1998）.

16. Arnett（1999）.

17. Munawar et al.（2018）.

18. 第二季第九集，"大门"（The Gate，2017 年 10 月 27 日）。

19. Berntsen & Rubin（2004）.

20. 第一季第一集，"威尔·拜尔斯消失不见"（The Vanishing of Will Byers，2016 年 7 月 15 日）。

21. 第二季第二集，"不给糖就捣蛋，怪胎"（Trick or Treat, Freak，2017 年 10 月 27 日）。

22. 第三季第一集，"苏茜，你收到了吗？"（Suzie, Do you Copy?，2019 年 7 月 4 日）。

23. Erikson & Erikson（1998）.

24. 第一季第八集，"颠倒世界"（The Upside Down，2016 年 7 月 15 日）。

25. 第三季第八集，"星庭之战"（The Battle of Starcourt，2019 年 7 月 4 日）。

26. 第二季第九集，"大门"（The Gate，2017 年 10 月 27 日）。

27. 第三季第三集，"失踪救生员案"（The Case of the Missing Lifeguard，2019 年 7 月 4 日）。参见 Betz（2011）; Gillespie & Crouse

（2012）；Lis et al.（2015）。

28. 第一季第二集，"枫树街怪人"（The Weirdo on Maple Street，2016 年 7 月 15 日）。

29. 第三季第一集，"苏茜，你收到了吗？"（Suzie，Do you Copy?，2019 年 7 月 4 日）。

30. Zapoleon（2021）.

31. Anspach（1934），p.381.

32. Boym（2001）.

33. 第三季第八集，"星庭之战"（The Battle of Starcounrt，2019 年 7 月 4 日）。

34. Peters（1985）.

35. 第一季第三集，"圣诞快乐"（Holly，Jolly，2016 年 7 月 15 日）。

36. 第二季第五集，"打空气"（Dig Dug，2017 年 10 月 27 日）。

37. 第二季第七集，"失散的姐姐"（The Lost Sister，2017 年 10 月 27 日）。

38. 第二季第九集，"大门"（The Gate，2017 年 10 月 27 日）。

39. McCann（1943）.

40. 第三季第一集，"苏茜，你收到了吗？"（Suzie，Do you Copy?）及第三季第三集，"失踪救生员案"（The Case of the Missing Lifeguard，均为 2019 年 7 月 4 日）。

41. 第三季第四集，"桑拿测试"（The Sauna Test，2019 年 7 月 4 日）。

42. Henley（2017）.

43. Ismail et al.（2020）.

44. 第三季第八集，"星庭之战"（The Battle of Starcourt，2019 年 7 月 4 日）。

45. Sedikides et al.（2015）.

46. Wildschut et al.（2010）.

47. 第三季第八集，"星庭之战"（The Battle of Starcourt，2019 年 7 月 4 日）。

48. Beike et al.（2016）.

49. Hartmann & Brunk（2019）.

50. Hirsch & Spitzer（2002）.

11. 奇异感觉：探索默里·鲍曼的宏大阴谋

1. 第二季第五集，"打空气"（Dig Dug，2017 年 10 月 27 日）。

2. Randi（2013）.

3. 第二季第六集，"间谍"（The Spy，2017 年 10 月 27 日）。

4. 第二季第一集，"疯狂麦克斯"（MADMAX）及第二季第五集，"打空气"（Dig Dug，均为 2017 年 10 月 27 日）；第三季第五集，"被夺者"（The Flayed，2019 年 7 月 4 日）。

5. Van Prooijen & Mengdi（2021）.

6. Van Prooijen & Mengdi（2021）.

7. Casabianca & Pedersen（2021）；Douglas & Sutton（2018）；Hale（2016）.

8. Pennycook et al.（2015）.

9. Pastorino & Doyle-Portillo（2009），p.257.

10. 第二季第五集，"打空气"（Dig Dug，2017 年 10 月 27 日）。

11. Prooijen（2019）.

12. 第二季第六集，"间谍"（The Spy，2017 年 10 月 27 日）。

13. 第三季第七集，"咬"（The Bite，2019 年 7 月 4 日）。

14. 第二季第六集，"间谍"（The Spy，2017 年 10 月 27 日）。

15. Nickerson（1998）.

16. Aronson（2004）.

17. 分别为第二季第五集，"打空气"（Dig Dug）及第二季第一集，"疯狂麦克斯"（MADMAX，2017 年 10 月 27 日）。

18. Biner et al.（1998）；Blackmore & Trościanko（1985）；Griffiths et al.（2019）.

19. Wabnegger et al.（2021）.

20. 第二季第一集，"疯狂麦克斯"（MADMAX，2017 年 10 月 27 日）。

21. Aronson（2004）.

22. 第二季第五集，"打空气"（Dig Dug，2017 年 10 月 27 日）。

23. Biddlestone et al.（2021）.

24. Biddlestone et al.（2021）.

25. 第三季第六集，"合众为一"（E Pluribus Unum，2019 年 7 月 4 日）。

26. 第二季第一集，"疯狂麦克斯"（MADMAX，2017 年 10 月

27 日）。

27. Lincoln et al.（2014）.

28. Galliford & Furnham（2017）; Udachina（2017）.

29. APA（2013）.

30. APA（2013）.

31. Veling et al.（2021）.

32. Oller（2019）.

33. APA（2013）, p.645.

34. 第三季第五集，"被夺者"（The Flayed, 2019 年 7 月 4 日）。

35. APA（2013）.

36. APA（2013）.

37. APA（2013）, pp.655‑59.

38. APA（2013）.

39. 第三季第八集，"星庭之战"（The Battle of Starcourt, 2019 年 7 月 4 日）；第四季第六集，"潜入"（The Dive, 2022 年 5 月 27 日）。

12. 在我们称为恐惧的状态下的羞耻、生存及创伤处理

1. Fisher（2017）.

2. 第一季第一集，"威尔·拜尔斯消失不见"（The Vanishing of Will Byers, 2016 年 7 月 15 日）。

3. Bowman（2010）; Cardona & Taylor（2020）; Gallagher et al.（2017）; Garski & Mastin（2021）; Scarlet（2017）.

4. Franco et al.（2011）；至善科学中心（2011）。

5. Campbell（1949）.

6. Best（2020）; Kidd & Castano（2013）; Lee et al.（2014）; Mar et al.（2010）。章节共同作者、本书主编兰利曾说过类似的话（2022）。

7. Mansfield（2007）; Sagarin et al.（2002）.

8. Broomhall et al.（2017）; Markham & Miller（2006）; Quelas et al.（2008）.

9. 第四季第四集，"亲爱的比利"（Dear Billy，2022 年 5 月 27 日）。

10. 第二季第四集，"智者威尔"（Will the Wise，2017 年 10 月 27 日）。

11. Lanese & Dutfield（2021）.

12. 第一季第一集，"威尔·拜尔斯消失不见"（The Vanishing of Will Byers）及第一季第二集，"枫树街怪人"（The Weirdo on Maple Street，均为 2016 年 7 月 15 日）。

13. Goldstein（2010）; Romero & Butler（2007）.

14. 第二季第六集，"间谍"（The Spy，2017 年 10 月 27 日）。

15. 第二季第三集，"蝌蚪"（The Pollywog，2017 年 10 月 27 日）。

16. Porges（2011）.

17. 哈佛公共健康学院（2020）。

18. Frothingham（2021）.

19. 十一：第一季第八集，"颠倒世界"（The Upside Down，2016 年 7 月 15 日）；霍珀：第三季第五集，"被夺者"（The Flayed，

2019 年 7 月 4 日）、第四季第七集，"霍金斯实验室大屠杀"（The Masscare at Hawkins Lab，2022 年 5 月 27 日）、第四季第九集，"背负"（The Piggyback，2022 年 7 月 1 日）；比利：第二季第九集，"大门"（The Gate，2017 年 10 月 27 日）。

20. 第一季第二集，"枫树街怪人"（The Weirdo on Maple Street，2016 年 7 月 15 日）。

21. Thompson et al.（2014）；Webster et al.（2016）.

22. 第一季第一集，"威尔·拜尔斯消失不见"（The Vanishing of Will Byers，2016 年 7 月 15 日）；第二季第八集，"夺心魔"（The Mind Flayer，2017 年 10 月 27 日）；第四季第七集，"霍金斯实验室大屠杀"（The Masscare at Hawkins Lab，2022 年 5 月 27 日）。

23. Frothingham（2021）将"讨好"纳为反应之一，而 Bracha et al.（2004）认为"害怕"（fright）为第四个主要反应。

24. 比如第二季第四集，"智者威尔"（Will the Wise，2017 年 10 月 27 日）。

25. 第三季第六集，"合众为一"（E pluribus Unum，2019 年 7 月 4 日）。

26. 第四季第七集，"霍金斯实验室大屠杀"（The Masscare at Hawkins Lab，2022 年 5 月 27 日）。

27. 第三季第四集，"桑拿测试"（The Sauna Test，2019 年 7 月 4 日）。

28. 第三季第四集，"桑拿测试"（The Sauna Test，2019 年 7 月 4 日）；第四季第九集，"背负"（The Piggyback，2022 年 7 月 1 日）

29. 第二季第八集，"夺心魔"（The Mind Flayer，2017 年 10 月 27 日）；第三季第八集，"星庭之战"（The Battle of Starcourt，2019 年 7 月 4 日）。

30. Mudrack & Mason（2013）；Murray（2018）；Platt et al.（2017）；Thompson-Hollands et al.（2021）.

31. Bailey & Brand（2017）；Bryant（2007）；Cubelli（2003）.

32. Fisher（2017，2021）.

33. 第二季第三集，"蝌蚪"（The Pollywog，2017 年 10 月 27 日）。

34. Audere & Soma（无日期）；影视桥段网（TV Tropes，无日期）。

35. 第二季第八集，"夺心魔"（The Mind Flayer，2017 年 10 月 27 日）。

36. Mitchell & Steele（2021）；Moskowitz & van der Hart（2020）；Schimmenti（2018）.

37. 分别为第二季第二集，"不给糖就捣蛋，怪胎"（Trick or Treat，Freak，2017 年 10 月 27 日）及第二季第三集，"蝌蚪"（The Pollywog，2017 年 10 月 27 日）；第三季第二集，"商场老鼠"（The Mall Rats，2019 年 7 月 4 日）。

38. 第二季第三集，"蝌蚪"（The Pollywog，2017 年 10 月 27 日）。

39. 第二季第四集，"智者威尔"（Will the Wise）、第二季第五集，"打空气"（Dig Dug）、第二季第九集，"大门"（The Gate）。（均为 2017 年 10 月 27 日）。

40.《大魔域》（1984 年电影）。

41. 分别为第二季第五集，"打空气"（Dig Dug）及第二季第六集，"间谍"（The Spy，2017 年 10 月 27 日）；第三季第八集，"星庭之战"（The Battle of Starcourt，2019 年 7 月 4 日）。

42. Elison et al.（2006）；Nathanson（1992）.

43. 第二季第一集，"疯狂麦克斯"（MADMAX，2017 年 10 月 27 日）。

44. 第二季第一集，"疯狂麦克斯"（MADMAX，2017 年 10 月 27 日）。

45. 第二季第二集，"不给糖就捣蛋，怪胎"（Trick or Treat, Freak，2017 年 10 月 27 日）。

46. 第二季第二集，"不给糖就捣蛋，怪胎"（Trick or Treat, Freak，2017 年 10 月 27 日）。

47. Erikson & Erikson（1998）.

48. Cuncic（2021）.

49. Carey（2003）；Olweus（1996）.

50. Cuncic（2021）.

51. 第一季第二集，"枫树街怪人"（The Weirdo on Maple Street，2016 年 7 月 15 日）。

52. 第一季第二集，"枫树街怪人"（The Weirdo on Maple Street，2016 年 7 月 15 日）。

53. 第一季第二集，"枫树街怪人"（The Weirdo on Maple Street，2016 年 7 月 15 日）。

54. Leeds（2013），p.12.

55. 第一季第三集，"圣诞快乐"（Holly，Jolly，2016年7月15日）。

56. 美国精神病学协会（2013）。

57. Shapiro（2001）; Shapiro（2012）.

58. 分别为第一季第四集，"尸体"（The Body，2016年7月15日）；第三季第二集，"商场老鼠"（The Mall Rats，2019年7月4日）。

59. Van der Kolk（2014）.

60. Fisher（2017），p.4.

61. Fisher（2017，2021）.

62. 第三季第八集，"星庭之战"（The Battle of Starcounrt，2019年7月4日）。

63. Broomhall et al.（2017）; Markham & Miller（2006）; Quelas et al.（2008）.

64. 第四季第四集，"亲爱的比利"（Dear Billy，2022年5月27日）。

13.《怪奇物语》的第一集：从开头中能学到什么

1. Meadow（1990）.

2. 第二季第三集，"蝌蚪"（The Pollywog，2017年10月27日）。

3. Liegner（1977）.

4. 第一季第一集，"威尔·拜尔斯消失不见"（The Vanishing of Will Byers，2016年7月15日）。

5. Liegner（1977）.

6. Freud（1900/2010，1920/1961）.

7. Luborsky & Crit-Christoph（1998）.

8. 第一季第五集，"跳蚤与杂技演员"（The Flea and the Acrobat，2016 年 7 月 15 日）。

9. 第二季第一集，"疯狂麦克斯"（MADMAX，2017 年 10 月 27 日）。

10. "龙穴历险记"（1983 年电子游戏）。

11. Meadow（1990），p.5.

12. Jung（1951），para.126.

13. Freud（1920/1922）.

14. S.Marianski（私人通讯，2019 年 7 月）。

15. 第三季第一集，"苏茜，你收到了吗？"（Suzie，Do you Copy?，2019 年 7 月 4 日）。

16. Goodman & Freeman（2015）.

17. Tennyson（1850/1993）.

18. 第四季第一集，"地狱火俱乐部"（The Hellfire Club，2022 年 5 月 27 日）。

19. 第四季第九集，"背负"（The Piggyback，2022 年 7 月 1 日）

20. 第四季第四集，"亲爱的比利"（Dear Billy，2022 年 5 月 27 日）。

21. Henderson（1964）；Jung（1958）.

22. 第四季第六集，"潜入"（The Dive，2022 年 5 月 27 日）。

23. 第四季第六集，"潜入"（The Dive，2022 年 5 月 27 日）。

14. 最奇异的事情：选择、运气，以及生活中的"龙与地下城"

1. Graeber & Wengrow（2021），p.115.

2. Shakespeare（1623/1982）。创作于 1599 年至 1601 年间，第一本对开本出版于 1623 年。

3. Jordan & Day（2015）.

4. 在第三季第三集，"失踪救生员案"（The Case of the Missing Lifeguand，2019 年 7 月 4 日）中，威尔曾尝试担任地下城主；埃迪：第四季第一集，"地狱火俱乐部"（The Hellfire Club，2022 年 5 月 27 日）。

5. 比如最初的"龙与地下城"基础版本（Holmes，1977）；第一版进阶版"龙与地下城"（Gygax，1978）；第五版"龙与地下城"（Wizards RPG Team，2014）。

6. 第一季第六集，"怪物"（The Monster，2016 年 7 月 15 日）。

7. Wegner（2003）.

8. 第三季第八集，"星庭之战"（The Battle of Starcourt，2019 年 7 月 4 日）。

9. Wegner & Wheatley（1999）.

10. Jordan（2013）.

11. 第一季第二集，"枫树街怪人"（The Weirdo on Maple Street，2016 年 7 月 15 日）。

12. Abramson et al.（1978）.

13. Vollmayr & Gass（2013）.

14. McLaurin（2005）.

15. Brown et al.（2016）.

16. Sorrenti et al.（2019）.

17. 第三季第八集，"星庭之战"（The Battle of Starcourt，2019 年 7 月 4 日）。

18. Jordan（2020）.

19. 第一季第四集，"尸体"（The Body，2016 年 7 月 15 日）。

20. 第二季第三集，"蝌蚪"（The Pollywog，2017 年 10 月 27 日）。

21. Fortenberry（2013）.

22. Diamond（2003）.

23. Diamond（2003）；Fortenberry（2013）.

24. Diamond（2003）.

25. 《回到未来》（1985 年电影）。

26. 第三季第七集，"咬"（The Bite，2019 年 7 月 4 日）。

27. 第三季第七集，"咬"（The Bite，2019 年 7 月 4 日）。第四季第一集，"地狱火俱乐部"（The Hellfire Club，2022 年 5 月 27 日）印证了他关于塔米歌声的观点。

28. Ivie（2019）.

29. Bartsch（2012）.

30. Bond（2021），p.574.

31. Bond（2021）.

32. Bond（2021）.

33. Gillig & Murphy（2016）.

34. Jordan & Ranade（2014）.

35. Hommel et al.（2001）.

36. Wegner（2003）.

37. 第三季第八集，"星庭之战"（The Battle of Starcourt，2019 年 7 月 4 日）。

38. Sidhu & Carter（2021）.

39. Sidhu & Carter（2021），p.12.

40. Sidhu & Carter（2021），p.9.

41. Sidhu & Carter（2021），p.14.

42. Sidhu & Carter（2021），p.14.

43. Sidhu & Carter（2021），p.14.

44. Sidhu & Carter（2021），p.15.

45. Shakespeare（1623/1982）.

46. 第三季第八集，"星庭之战"（The Battle of Starcourt，2019 年 7 月 4 日）。

47. 第四季第六集，"潜入"（The Dive，）及第四季第七集，"霍金斯实验室大屠杀"（The Masscare at Hawkins Lab，2022 年 5 月 27 日）

48. 第四季第一集，"地狱火俱乐部"（The Hellfire Club，2022 年 5 月 27 日）。

49. Adler & Doherty（1985）.

50. Adler & Doherty（1985）.

51. Witt（1985）.

52. 第四季第九集，"背负"（The Piggyback, 2022 年 7 月 1 日）。

53. Livingston（1982）；Schwegman（1976）.

15. 都在游戏里：从与假想敌的战斗中学会面对恐惧

1. Schaefer & Kaduson（1994），p.66.

2. 第二季第四集，"智者威尔"（Will the Wise, 2017 年 10 月 27 日）。

3. Bregman（2019）.

4. Marks-Tarlow（2012）.

5. 第二季第三集，"蝌蚪"（The Pollywog, 2017 年 10 月 27 日）。

6. Runcan et al.（2012）.

7. Capurso & Ragni（2016）.

8. Pliske et al.（2021）.

9. 第一季第二集，"枫树街怪人"（The Weirdo on Maple Street, 2016 年 7 月 15 日）。

10. Capurso & Ragni（2016）.

11. 第二季第八集，"夺心魔"（The Mind Flayer, 2017 年 10 月 27 日）。

12. 第二季第四集，"智者威尔"（Will the Wise, 2017 年 10 月 27 日）。

13. Nagoski & Nagoski（2019）.

14. 第三季第八集，"星庭之战"（The Battle of Starcourt, 2019 年 7 月 4 日）。

15. 第三季第三集，"失踪救生员案"，（The Case of the Missing Lifeguard，2019 年 7 月 4 日）。

16. Adams（2013）.

17. Janisse & Corupe（2016）。从第四季第二集，"维克那的诅咒"（Vecna's Curse，2022 年 5 月 27 日）至第四季第九集，"背负"（The Piggyback，2022 年 7 月 1 日）。

18. Scriven（2021）.

19. Adams（2013）.

20. 第二季第八集，"夺心魔"（The Mind Flayer，2017 年 10 月 27 日）。

21. Berger & Luckmann（1966）.

22. White（2007）.

23. Wright et al.（2020）.

24. 第一季第六集，"怪物"（The Monster，2016 年 7 月 15 日）。

25. Chung（2013）.

26. 第一季第五集，"跳蚤与杂技演员"（The Flea and the Acrobat，2016 年 7 月 15 日）。

27. 第一季第一集，"威尔·拜尔斯消失不见"（The Vanishing of Will Byers，2016 年 7 月 15 日）。

28. 第一季第六集，"怪物"（The Monster，2016 年 7 月 15 日）。

29. 第一季第二集，"枫树街怪人"（The Weirdo on Maple Street，2016 年 7 月 15 日）。

30. 第二季第六集，"间谍"（The Spy，2017 年 10 月 27 日）

31. 第三季第八集，"星庭之战"（The Battle of Starcourt，2019 年 7 月 4 日）。

32. 第一季第二集，"枫树街怪人"（The Weirdo on Maple Street，2016 年 7 月 15 日）。

33. 第二季第三集，"蝌蚪"（The Pollywog，2017 年 10 月 27 日）。

最后的话：寻找

1. McClurg 采访（2018）。

2. 第三季第八集，"星庭之战"（The Battle of Starcourt，2019 年 7 月 4 日）。

3. 仿佛死亡：威尔的"尸体"（The Body）被发现——第一季第三集，"圣诞快乐"（Holly, Jolly，2016 年 7 月 15 日）；十一——第一季第八集，"颠倒世界"（The Upside Down，2016 年 7 月 15 日）；霍珀——第三季第八集，"星庭之战"（The Battle of Starcourt，2019 年 7 月 4 日）。确认存活：威尔——第一季第四集，"尸体"（The Body，2016 年 7 月 15 日）；十一——第二季第一集，"疯狂麦克斯"（MADMAX，2017 年 10 月 27 日）；霍珀——在第三季第八集，"星庭之战"（The Battle of Starcourt，2019 年 7 月 4 日）中有所暗示，在第四季第二集，"维克那的诅咒"（Vecna's Curse，2022 年 5 月 27 日）中确认。麦克斯"死亡"、复活、昏迷——第四季第九集，"背负"（The Piggyback，2022 年 7 月 1 日）。

4. 芭比：第一季第七集，"浴缸"（The Bathtub，2016 年 7 月 15 日）；被夺者：第三季第六集，"合众为一"（E Pluribus Unum，2019

年 7 月 4 日)。

5. 从《行尸走肉心理学：活死人的内心世界》(Langley，2015) 到《小丑心理学：邪恶小丑与爱上他们的女人》(Langley，2019)。

6. Moynihan et al.（2018）.

7. DeYoung & Buzzi（2003）；Lenferink et al.（2018）；Stevenson & Thomas（2018）.

8. Linley & Joseph（2011）；Tedeschi & Blevins（2015）；Triplett et al.（2012）；Wortmann（2009）.

9. Calhoun et al.（2010）；Frankl（1959/2006，2010）.

10. McCormack et al.（2021）；Schippers & Ziegler（2019）；Leider（2015）；Weinberg（2013）.

11. Brittani Oliver Sillas-Navarro（2022），出自她为本书创作的章节的第一版草稿。

参考文献

Abrams, D., Weick, M., Thomas, D., Colbe, H., & Franklin, K. M. (2011). On-line ostracism affects children differently from adolescents and adults. *British Journal of Developmental Psychology, 29*(1), 110-123.

Abramson, L. Y., Seligman, M. E., & Teasdale, J. D. (1978). Learned helplessness in humans: Critique and reformulation. *Journal of Abnormal Psychology, 87*(1), 49-74.

Adams, A. S. (2013). Needs met through role-playing games: A fantasy theme analysis of Dungeons & Dragons. *Kaleidoscope: A Graduate Journal of Qualitative Communication Research, 12*, 69-86.

Adams, G., & Kurtis, T. (2015). Friendship and gender in cultural-psychological perspective: Implications for research, practice, and consultation. *International Perspectives in Psychology: Research, Practice, Consultation, 4*(3), 182-194.

Adler, J., & Doherty, S. (1983, September 9). Kids: The deadliest game? *Newsweek, 93*(10), 9.

Adler, J. M., & Hershfield, H. E. (2012). Mixed emotional experience is associated with and precedes improvements in psychological well-being. *PloS One, 7*(4), e35633.

American Psychiatric Association. (2013). *Diagnostic and statistical manual of mental disorders* (5th ed.) [DSM-5]. American Psychiatric Association.

Andreou, E., Tsermentseli, S., Anastasiou, O., & Kouklari, E. C. (2021). Retrospective accounts of bullying victimization at school: Associations with post-traumatic stress disorder symptoms and post-traumatic growth among university students. *Journal of Child & Adolescent Trauma, 14*(1), 9-18.

Anspach, C. K. (1934). Medical dissertation on nostalgia by Johannes Hofer, 1688. *Bulletin of the Institute of the History of Medicine, 2*(6), 376-391.

Arenliu, A., Shala-Kastrati, F., Avdiu, V. B., & Landsman, M. (2019). Posttraumatic growth among family members with missing persons from war in Kosovo: Association with social support and community involvement. *Omega: Journal of Death & Dying, 80*(1), 35-48.

Arnett, J. J. (1999). Adolescent storm and stress, reconsidered. *American Psychologist, 54*(5), 317-326.

Aronson, E. (2004). *The social animal* (9th ed.). Worth.

Arora, N. K. (2008). Social support in health communication. In W. Donsbach (Ed.), *The international encyclopedia of communication* (pp. 4725–4727). Blackwell.

Audere & Soma (n.d.). *The "squishy caster" fallacy.* Tabletop Builds. https://tabletopbuilds.com/the-squishy-caster-fallacy.

Azarian, A., Miller, T. W., McKinsey, L. L., Skriptchenko-Gregorian, V., & Bilyeu, J. (1999).

Trauma accommodation and anniversary reactions in children. *Journal of Contemporary Psychotherapy*, *29*(4), 355-368.

Bagwell, C. L., & Schmidt, M. E. (2011). *Friendships in childhood and adolescence*. Guilford.

Bailey, T. D., & Brand, B. L. (2017). Traumatic dissociation: Theory, research, and treatment. *Clinical Psychology: Science & Practice*, *24*(2), 170-185.

Baraković, D., Avdibegović, E., & Sinanović, O. (2014). Posttraumatic stress disorder in women with war missing family members. *Psychiatria Danubina*, *26*(4), 340-346.

Bartlett, M. (2017). Rose-coloured rear-view: 'Stranger Things' and the lure of a false past. *Screen Education*, *85*, 16-25.

Bartsch, A. (2012). Emotional gratification in entertainment experience: Why viewers of movies and television series find it rewarding to experience emotions. *Media Psychology*, *15*(3), 267-302.

Baumeister, R. F., & Leary, M. R. (1995). The need to belong: Desire for interpersonal attachments as a fundamental human motivation. *Psychological Bulletin*, *117*(3), 497-529.

Beike, D. R., Brandon, N. R., & Cole, H. E. (2016). Is sharing specific autobiographical memories a distinct form of self-disclosure? *Journal of Experimental Psychology: General*, *145*(4), 434-450.

Bellosta-Batalla, M., Blanco-Gandía, M. C., Rodríguez-Arias, M., Cebolla, A., Pérez-Blasco, J., & Moya-Albiol, L. (2020). Increased salivary oxytocin and empathy in students of clinical and health psychology after a mindfulness and compassion-based intervention. *Mindfulness*, *11*(4), 1006-1017.

Bem, S. (1974). The measurement of psychological androgyny. *Journal of Consulting & Clinical Psychology*, *42*(2), 155-162.

Bem, S. (1975). Sex role adaptability: One consequence of psychological androgyny. *Journal of Personality & Social Psychology*, *31*(4) 634-643.

Berger, P., & Luckmann, T. (1966). *The social construction of reality: A treatise in the sociology of knowledge*. Doubleday.

Berke, D. S., Leone, R., Parrott, D., & Gallagher, K. E. (2020). Drink, don't think: The role of masculinity and thought suppression in men's alcohol-related aggression. *Psychology of Men & Masculinities*, *21*(1), 36-45.

Berndt, T. J., & Perry, B. (1983). *Benefits of friendship interview*. Unpublished manuscript. University of Oklahoma.

Berntsen, D., & Rubin, D. C. (2004). Cultural life scripts structure recall from autobiographical memory. *Memory & Cognition*, *32*(3), 427-442.

Best, J. (2020). Reading literary fiction: More empathy, but at what cost? *North American Journal of Psychology*, *22*(2), 269-288.

Betz (2011). What fantasy role-playing games can teach your children (or even you). *British Journal of Educational Technology*, *42*(6), E117-E121.

Bevens, C. L., & Loughan, S. (2019). Insights into men's sexual aggression toward women: Dehumanization and objectification. *Sex Roles*, *81*(11-12), 713-730.

Biddlestone, M., Green, R., Cichocka, A., Sutton, R., & Douglas, K. (2021). Conspiracy beliefs and the individual, relational, and collective selves. *Social & Personality Psychology Compass*, *15*(10), Artl e12649.

Blaauw, M. (2002). "Denial and silence" or "acknowledgement and disclosure." *International Review of the Red Cross*, *84*(848), 764-784.

Bliss, S. (1995). Mythopoetic men's movements. In M. S. Kimmel (Ed.), *The politics of manhood: Profeminist men respond to mythopoetic men's movement (and the mythopoetic leaders answer)*. Temple University Press.

Boatright-Horowitz, S. L., Marraccini, M. E., & Harps-Logan, Y. (2012). Teaching antiracism: College students' emotional and cognitive reactions to learning about White privilege. *Journal of Black Studies, 43*(8), 893-911.

Book, A. S., Visser, B. A., Blais, J., Hosker-Field, A., Methot-Jones, T., Gauthier, N. Y., Volk, A., Holden, R. R., & D'Agata, M. G. (2016). Unpacking more "evil": What is at the core of the dark tetrad? *Personality & Individual Differences, 90,* 269-272.

Bond, B. J. (2021). The development and influence of parasocial relationships with television characters: A longitudinal experimental test of prejudice reduction through parasocial contact. *Communication Research, 48*(4), 573-593.

Boss, P. (2006). *Loss, trauma, and resilience: Therapeutic work with ambiguous loss.* Norton.

Boss, P., & Greenberg, J. (1984). Family boundary ambiguity: A new variable in family stress theory. *Family Process, 23*(4), 535-546.

Boss, P., Caron, W., Horbal, J., & Mortimer, J. (1990). Predictors of depression in caregivers of dementia patients: Boundary ambiguity and mastery. *Family Process, 29*(3), 245-254.

Bowman, S. L. (2010). *The functions of role-playing games: How participants create community, solve problems, and explore identity.* McFarland.

Boym, S. (2001). *The future of nostalgia.* Basic.

Bracha, H. S., Ralston, T. C., Matsukawa, J. M., & Williams, A. E. (2004). Does "fight or flight" need updating? *Journal of Consultation & Liaison Psychiatry, 45*(5), 448-449.

Brannon, R., & Juni, S. (1984). A scale for measuring attitudes about masculinity. *Psychological Documents, 14*(1), 6-7.

Breen, L. J., & O'Connor, M. (2011). Family and social networks after bereavement: Experiences of support, change and isolation. *Journal of Family Therapy, 33*(1), 98-120.

Bregman, R. (2019). *Humankind: A hopeful history.* Little, Brown.

Brewer, M. B. (2003). Optimal distinctiveness, social identity, and the self. In M. Leary & J. Tangney (Eds.), *Handbook of self and identity* (pp. 480–491). Guilford.

Broomhall, A. G., Phillips, W. J., Hine, D. W., & Loi, N. M. (2017). Upward counterfactual thinking and depression: A meta-analysis. *Clinical Psychology Review, 55,* 56-73.

Brown, B. (2017, November/December). *High lonesome: Braving the quest for true belonging.* Psychotherapy Networker. https://psychotherapynetworker.org/magazine/article/1124/high-lonesome.

Brown, E. D., Seyler, M. D., Knorr, A. M., Garnett, M. L., & Laurenceau, J. P. (2016). Daily poverty-related stress and coping: Associations with child learned helplessness. *Family Relations, 65*(4), 591-602.

Bryant, R. A. (2007). Does dissociation further our understanding of PTSD? *Journal of Anxiety Disorders, 21*(2), 183-191.

Buerkle, C. W. (2019). Adam mansplains everything: White-hipster masculinity as covert hegemony. *Southern Communication Journal, 84*(3), 170-182.

Buhrmester, D., & Furman, W. D. (1986). The changing functions of friends in childhood: A neo-Sullivanian perspective. In V. J. Derlega & B. A. Winstead (Eds.), *Friendship and social interaction* (pp. 41–62). Springer.

Bukowski, W. M., Hoza, B., & Boivin, M. (1994). Measuring friendship quality during pre- and early adolescence: The development and psychometric properties of the friendship qualities scale. *Journal of Social & Personal Relationships, 11*(3), 471-484.

Burleson, B. R., & MacGeorge, E. L. (2002). Supportive communication. In M. L. Knapp & J. A. Daly (Eds.), *Handbook of interpersonal communication* (3rd ed., pp. 374–424). Sage.

Cacioppo, J. T., & Hawkley, L. C. (2009). Perceived social isolation and cognition. *Trends in Cognitive Science, 13*(10), 447-454.

Cacioppo, J. T., Fowler, J. H., & Christakis, N. A. (2009). Alone in the crowd: The structure and spread of loneliness in a large social network. *Journal of Personality & Social Psychology, 97*(6), 977-991.

Cacioppo, S., Capitanio, J. P., & Cacioppo, J. T. (2014). Toward a neurology of loneliness. *Psychological Bulletin, 140*(6), 1464-1504.

Calhoun, L. G., Cann, A., & Tedeschi, R. G. (2010). The posttraumatic growth model: Sociocultural considerations. In T. Weiss & R. Berger (Eds.), *Handbook of posttraumatic growth: Research and practice* (pp. 1–23). Erlbaum.

Campbell, J. (1949). *The hero with a thousand faces.* Princeton University Press.

Capurso, M., & Ragni, B. (2016). Bridge over troubled water: Perspective connections between coping and play in children. *Frontiers in Psychology, 7,* Artl 1953.

Cardona, J., & Taylor, L. (2020). *The geek therapy playbook: How to use comics, games, and movies to understand each other and ourselves.* Geek Therapy Books.

Carey, T. A. (2003). Improving the success of anti-bullying intervention programs: A tool for matching programs with purposes. *International Journal of Reality Therapy, 22*(2), 16-23.

Carey, T., Gallagher, J., & Greiner, B. A. (2014). Post-traumatic stress and coping factors among search and recovery divers. *Occupational Medicine, 64*(1), 31-33.

Casabianca, S. S., & Pedersen, T. (2021, May 27). *Why do some people believe in conspiracy theories?* PsychCentral. https://psychcentral.com/blog/conspiracy-theories-why-people-believe.

Case, A., & Ngo, B. (2017). "Do we have to call it that?" The response of neoliberal multiculturalism to college antiracism efforts. *Multicultural Perspectives, 19*(4), 215-222.

Cass, V. (1979). Homosexual identity formation: A theoretical model. *Journal of Homosexuality, 4*(3), 219-235.

Chen, C., Yang, C., Chan, M., & Jimerson, S. R. (2020). Association between school climate and bullying victimization: Advancing integrated perspectives from parents and cross-country comparisons. *School Psychology, 35*(5), 311.

Cheung, W. Y., Wildschut, T., & Sedikides, C. (2018). Autobiographical memory functions of nostalgia in comparison to rumination and counterfactual thinking: Similarity and uniqueness. *Memory, 26*(2), 229-237.

Chow, R. M., Tiedens, L. Z., & Govan, C. L. (2008). Excluded emotions: The role of anger in antisocial responses to ostracism. *Journal of Experimental Social Psychology, 44*(3), 896-903.

Christakis, N. A., & Fowler, J. H. (2009). *Connected: The surprising power of our social networks and how they shape our lives.* Little, Brown.

Chung, T. (2013). Table-top role-playing game and creativity. *Thinking Skills & Creativity, 8,* 56-71.

Coan, J. A., Schaefer, H. S., & Davidson, R. J. (2006). Lending a hand: Social regulation of the neural response to threat. *Psychological Science, 17*(12), 1032-1039.

Coghlan, A. (2013). Healthy living can turn our cells' clock back. *Health, 219*(2935), 14.

Cohen, P. F. (2007). Anniversary reactions in the therapy group. *International Journal of Group Psychotherapy, 57*(2), 153-166.

Cohen, S., & Wills, T. A. (1985). Stress, social support, and the buffering hypothesis. *Psychological Bulletin, 98*(2), 310-357.

Collins, W. A., & Laursen, B. (2000). Adolescent relationships: The art of fugue. In C. Hendrick & S. Hendrick (Eds.), *SAGE sourcebook on close relationships* (pp. 59–70). SAGE.

Conley-Fonda, B., & Leisher, T. (2018). Asexuality: Sexual health does not require sex. *Sexual Addiction & Compulsivity, 25*(1), 6-11.

Constantinople, A. (1973). Masculinity-femininity: An exception to a famous dictum. *Psychological Bulletin, 80*(5), 389-407.

Crespi, B. J. (2016). Oxytocin, testosterone, and human social cognition. *Biological Reviews, 91*(2), 390-408.

Cross, W. E. (1991). *Shades of Black: Diversity in African-American identity.* Temple University Press.

Cubelli, R. (2003). Defining dissociations. *Cortex, 39*(2), 211-214.

Cuncic, A. (2021, May 27). *What is shame?* Verywell Mind. https://verywellmind.com/what-is-shame-5115076.

Dasgupta, N. (2004). Implicit ingroup favoritism, outgroup favoritism, and their behavioral manifestations. *Social Justice Research, 17*(2), 143-169.

David, D., & Brannon, R. (Eds.). (1976). *The forty-nine percent majority: The male sex role.* Addison-Wesley.

Davies, E. A. (2020). *Identifying and responding to the psychosocial support needs of young people when a loved one is a missing person* [Doctoral dissertation, The Australian Catholic University].

De Lamartine, A. (1820/2000). *Les Méditations Poétiques.* Ellipses.

De Loera-Brust, A. (2017, November 10). *The strange racial politics of "Stranger Things" America.* The Jesuit Review. https://americamagazine.org/arts-culture/2017/11/10/strange-racial-politics-stranger-things.

De Visser, R. O., & Smith, J. A. (2007). Alcohol consumption and masculine identity among young men. *Psychology & Health, 22*(5), 595-614.

De Vries, E., Kaufman, T. M., Veenstra, R., Laninga-Wijnen, L., & Huitsing, G. (2021). Bullying and victimization trajectories in the first years of secondary education: implications for status and affection. *Journal of Youth & Adolescence, 50*(10), 1-12.

Denworth, L. (2020). *Friendship: The evolution, biology, and extraordinary power of life's fundamental bond.* Norton.

Devan, G. S. (1993). Management of grief. *Singapore Medical Journal, 34*, 445-445.

DeYoung, R., & Buzzi, B. (2003). Ultimate coping strategies: The differences among parents of murdered or abducted, long-term missing children. *Omega: Journal of Death & Dying, 47*(4), 343-360.

Diamond, L. M. (2003). What does sexual orientation orient? A biobehavioral model distinguishing romantic love and sexual desire. *Psychological Review, 110*(1), 173.

DiAngelo, R. (2018). *White fragility: Why it's so hard for white people to talk about race.* Beacon.

Dobkin, P. L., Civita, M. D., Paraherakis, A., & Gill, K. (2002). The role of functional social support in treatment retention and outcomes among outpatient adult substance abusers.

Addiction, 97(3), 347-356.

Douglas, K. M., & Sutton, R. M. (2018). Why conspiracy theories matter: A social psychological analysis. *European Review of Social Psychology, 29*(1), 256-298.

Duek, O., Spiller, T. R., Pietrzak, R. H., Fried, E. I., & Harpaz-Rotem, I. (2021). Network analysis of PTSD and depressive symptoms in 158,139 treatment-seeking veterans with PTSD. *Depression 7 Anxiety, 38*(5), 554-562.

Eisenberger, N. I. (2012). The pain of social disconnection: Examining the shared neural underpinnings of physical and social pain. *Nature Reviews Neuroscience, 13*(6), 421-434.

Eisenberger, N. I., Lieberman, M. D., & Williams, K. D. (2003). Does rejection hurt? An FMRI study of social exclusion. *Science, 302*(5643), 290-292.

Elison, J., Lennon, R., & Pulos, S. (2006). Investigating the compass of shame: The development of the Compass of Shame Scale. *Social Behavior & Personality, 34*(3), 221-238.

Emmerlink, P. J. H., Vanwesenbeck, I., van den Eijnden, R. J. J. M., & ter Bogt, T. F. M. (2016). Psychosexual correlates of sexual double standard endorsement in adolescent sexuality. *Journal of Sex Research, 53*(3), 286-297.

Epel, E. S., & Lithgow, G. J. (2014). Stress biology and aging mechanisms: Toward understanding the deep connection between adaptation to stress and longevity. *Journals of Gerontology Series A: Biomedical Sciences & Medical Sciences, 69*(Suppl_1), S10-S16.

Epstude, K., & Peetz, J. (2012). Mental time travel: A conceptual overview of social psychological perspectives on a fundamental human capacity. *European Journal of Social Psychology, 42*(3), 269-275.

Ericksen, J. A. (1998). With enough cases, why do you need statistics? Revisiting Kinsey's methodology. *Journal of Sex Research, 35*(2), 132-140.

Erikson, E. H., & Erikson, J. M. (1998). *The life cycle completed (extended version)*. Norton.

Eyuboglu, M., Eyuboglu, D., Pala, S. C., Oktar, D., Demirtas, Z., Arslantas, D., & Unsal, A. (2021). Traditional school bullying and cyberbullying: Prevalence, the effect on mental health problems and self-harm behavior. *Psychiatry Research, 297*, Artl 113730.

Families of the Missing (n.d.). [Home page]. Families of the Missing. https://familiesofthemissing.org.

Favrid, P., Braun, V., & Rowney, C. (2017). "No girl wants to be called a slut!" Women, heterosexual casual sex and the sexual double standard. *Journal of Gender Studies, 26*(5), 544-560.

Finkelhor, D., Hotaling, G., & Sedlak, A. (1990). *Missing, abducted, runaway, and thrownaway children in America, first report: Numbers and characteristics national incidence studies*. Office of Juvenile Justice & Delinquency Prevention.

Fisher, J. (2017). *Healing the fragmented selves of trauma survivors: Overcoming internal self-alienation*. Routledge.

Fisher, J. (2021). *Transforming the living legacy of trauma*. PESI.

Flowers, R. B. (2001). *Runaway kids and teenage prostitution: America's lost, abandoned, and sexually exploited children*. Praeger.

Ford, T. E., Buie, H. S., Mason, S. D., Olah, A. R., Breeden, C. J., & Ferguson, M. A. (2020). Diminished self-concept and social exclusion: Disparagement humor from the target's perspective. *Self & Identity, 19*(6), 698-718.

Fornier, M. A., Zuroff, D. C., & Moskowitz, D. S. (2007). The social competition theory of depression: Gaining from an evolutionary approach to losing. *Journal of Social & Clinical*

Psychology, 26(7), 786-790.

Fortenberry, J. D. (2013). Puberty and adolescent sexuality. *Hormones & Behavior, 64*(2), 280-287.

Fowler, S. L., & Geers, A. L. (2017). Does trait masculinity relate to expressing toughness? The effects of masculinity threat and self-affirmation among college men. *Psychology of Men & Masculinity, 18*(2), 176-186.

Franco, Z. E., Blau, K., & Zimbardo, P. G. (2011). Heroism: A conceptual analysis and differentiation between heroic action and altruism. *Review of General Psychology, 15*(2), 99-113.

Frankl, V. (1959/2006). *Man's search for meaning* (I. Lasch, Trans.). Beacon.

Frankl, V. (2010). *The feeling of meaninglessness: A challenge to psychotherapy and philosophy* (D. Hallowell, Trans.). Marquette University Press.

Fraser, G. (1991). The dissociative table technique: A strategy for working with ego states in dissociative disorders and ego state therapy. *Dissociation, 4*(4), 205-213.

Freud, S. (1900/2010). The interpretation of dreams. In J. Strachey (Ed. & Trans.), *The standard edition of the complete psychological works of Sigmund Freud, volume IV: The interpretation of dreams (first part)* (pp. ix–627). Basic.

Freud, S. (1920/1922). *Beyond the pleasure principle* (C. J. M. Habback, Trans.). Bartleby.

Friedlander, L., Connolly, J., Pepler, D., & Craig, W. (2007). Biological, familial, and peer influences on dating in early adolescence. *Archives of Sexual Behavior, 36*(6), 821-830.

Friedmann, E., Thomas, S. A., Liu, F., Morton, P. G., Chapa, D., & Gottlieb, S. S. (2006). Relationship of depression, anxiety, and social isolation to chronic heart failure outpatient mortality. *American Heart Journal, 152*(5), 940.e1-940.e8.

Frodi, A. (1977). Sex differences in perception of a provocation, a survey. *Perceptual & Motor Skills, 44*(1), 113-114.

Frosh, S. (2010). *Psychoanalysis outside the clinic: Interventions in psychosocial studies.* Palgrave Macmillan.

Frothingham, M. B. (2021, October 6). *Fight, flight, freeze, or fawn: What this response means.* Simply Psychology. http://simplypsychology.org/fight-flight-freeze-fawn.html.

Fugitt, J. L., & Ham, L. S. (2018). Beer for "brohood": A laboratory simulation of masculinity confirmation through alcohol use behaviors in men. *Psychology of Addictive Behaviors, 32*(3), 358-364.

Gabriel, M. A. (1992). Anniversary reactions: Trauma revisited. *Clinical Social Work Journal, 20*(2), 179-192.

Galán, C. A., Stokes, L. R., Szoko, N., Abebe, K. Z., & Culyba, A. J. (2021). Exploration of experiences and perpetration of identity-based bullying among adolescents by race/ethnicity and other marginalized identities. *JAMA Network Open, 4*(7), e2116364-e2116364.

Gallagher, K., Starkman, R., & Rhoades, R. (2017). Performing counter-narratives and mining creative resilience: Using applied theatre to theorize notions of youth resilience. *Journal of Youth Studies, 20*(2), 216-233.

Galliford, N., & Furnham, A. (2017). Individual differences and beliefs in medical and political conspiracy theories. *Scandinavian Journal of Psychology, 58*(5), 422-428.

Garrett, S. (1987). *Gender.* Tavistock.

Garski, L. A., & Mastin, J. (2021). *Starship Therapise: Using therapeutic fanfiction to rewrite your life.* North Atlantic.

Gibson, H., Willming, C., & Holdnak, A. (2002). "We're Gators . . . not just Gator fans": Serious leisure and University of Florida football. *Journal of Leisure Research*, *34*(4), 397-425.

Gillespie, G., & Crouse, D. (2012). There and back again: Nostalgia, art, and ideology in old-school Dungeons and Dragons. *Games & Culture*, *7*(6), 441-470.

Gillig, T., & Murphy, S. (2016). Fostering support for LGBTQ youth? The effects of a gay adolescent media portrayal on young viewers. *International Journal of Communication*, *10*, 23.

Glace, A. M., Dover, T. L., & Zatkin, J. G. (2021). Taking the black pill: An empirical analysis of the "incel." *Psychology of Men & Masculinities*, *22*(2), 288-297.

Goldstein, D. S. (2010). Adrenal responses to stress. *Cellular & Molecular Neurobiology*, *30*(8), 1433-1440.

Gomer, J., & Petrella, C. (2017). *How the Reagan administration stoked fears of anti-white racism: The origins of the politics of "reverse discrimination."* The Washington Post. https://washingtonpost .com/news/made-by-history/wp/2017/10/10/how-the-reagan-administration-stoked-fears -of-anti-white-racism.

Gooden, M. (2014). Using Nigrescence to recover from my mis-education as a "successful" African American male. *Journal of African American Males in Education*, *5*(2), 111-133.

Gooden, T. (2019, July 25). *Chief, fighter, dad: Hopper's best moments on "Stranger Things."* Hypable. https://hypable.com/hopper-stranger-things-best-moments.

Goodman, D., & Freeman, M. (2015). *Psychology and the other*. Oxford University Press.

Graeber, D., & Wengrow, D. (2021). *The dawn of everything: A new history of humanity*. Penguin UK.

Graves, R. (2017, November 13). *Stranger Things and the Sinclairs*. The Witness. https:// thewitnessbcc.com/stranger-things-sinclairs.

Greater Good Science Center. (2011, January 12). *Philip Zimbardo: What makes a hero?* [Video]. YouTube. https://www.youtube.com/watch?v=grMHzqtRm_8.

Greco, V., & Roger, D. (2003). Uncertainty, stress, and health. *Personality & Individual Differences*, *34*(6), 1057-1068.

Greenbaum, J., Albright, K., & Tsai, C. (2020). Introduction to the special issue of *Child Abuse & Neglect: Global child trafficking and health*, *100*, ArtID 1043321.

Grieve, R., March, E., & Van Doom, G. (2019). Masculinity may be more toxic than we think: The influence of gender roles on trait emotional manipulation. *Personality & Individual Differences*, *138*, 157-162.

Gygax, G. (1978). *Players handbook*. TSR.

Halatsis, P., & Christakis, N. (2009). The challenge of sexual attraction within heterosexuals' cross-sex friendship. *Journal of Social & Personal Relationships*, *26*(7), 919-937.

Hale, J. (2016). *Patterns: The need for order*. PsychCentral. https://psychcentral.com/lib/patterns -the-need-for-order#1.

Harris, J. (Ed.) (2016). *The quotable Jung*. Princeton University Press.

Hartmann, B. J., & Brunk, K. H. (2019). Nostalgia marketing and (re-)enchantment. *International Journal of Research in Marketing*, *36*(4), 669-686.

Harvard Health. (2020, July 6). *Understanding the stress response*. Harvard Health. https://health .harvard.edu/staying-healthy/understanding-the-stress-response.

Hawkley, L. C., & Cacioppo, J. T. (2003). Loneliness and pathways to disease. *Brain, Behavior, & Immunity*, *17*(1), 98-105.

Hawkley, L. C., & Cacioppo, J. T. (2010). Loneliness matters: A theoretical and empirical review of consequences and mechanisms. *Annals of Behavioral Medicine, 40*(2), 218-227.

Hayes, F. W. (2017). Historical disaster and the new urban crisis. *Journal of African American Studies, 22*(1), 1-16.

Hayes, R. A., Wesselmann, E. D., & Carr, C. T. (2018). When nobody "likes" you: Perceived ostracism through paralinguistic digital affordances within social media. *Social Media & Society, 4*(3).

Heeke, C., Stammel, N., & Knaevelstrud, C. (2015). When hope and grief interact: Rates and risks of prolonged grief disorder among bereaved individuals and relatives of disappeared persons in Colombia. *Journal of Affective Disorders, 173*, 59-64.

Hein, G., Silani, G., Preuschoff, K., Batson, C. D., & Singer, T. (2010). Neural responses to ingroup and outgroup members' suffering predict individual differences in costly helping. *Neuron, 68*(1), 149-160.

Henderson, J. L. (1964). The process of individuation. In C. G. Jung & M.-L. von Franz (Eds.), *Man and his symbols*. Windfall.

Henderson, M., Kiernan, C., & Henderson, P. (1999, June). *The missing person dimension*. Paper presented at the Children and Crime: Victims and Offenders conference, Australian Institute of Criminology, Brisbane.

Hensums, M., Overbeek, G., & Jorgensen, T. D. (2022). Not one double standard but two? Adolescents' attitudes about appropriate sexual behavior. *Youth & Society, 54*(1), 23-42.

Hepper, E. G., Wildschut, T., Sedikides, C., Robertson, S., & Routledge, C. D. (2021). Time capsule: Nostalgia shields psychological well-being from limited time horizons. *Emotion, 21*(3), 644-664.

Herrera, F., Bailenson, J., Weisz, E., Ogle, E., & Zaki, J. (2018). Building long-term empathy: A large-scale comparison of traditional and virtual reality perspective-taking. *PloS One, 13*(10).

Hershfield, H. E., Scheibe, S., Sims, T. L., & Carstensen, L. L. (2013). When feeling bad can be good: Mixed emotions benefit physical health across adulthood. *Social Psychological & Personality Science, 4*(1), 54-61.

Hirsch, M., & Spitzer, L. (2002). "We would not have come without you": Generations of nostalgia. *American Imago, 59*(3), 253-276.

Hochstetler, A., Copes, H., & Forsyth, C. J. (2014). The fight: Symbolic expression and validation of masculinity in working class tavern culture. *American Journal of Criminal Justice, 39*(3), 493-510.

Hojat, M., & Moyer, A. (Eds.) (2016). *The psychology of friendship*. Oxford University Press.

Hollander, T. (2016). Ambiguous loss and complicated grief: Understanding the grief of parents of the disappeared in northern Uganda. *Journal of Family Theory & Review, 8*(3), 294-307.

Hollingsworth, W. L., Dolbin-MacNab, M. L., & Marek, L. I. (2016). Boundary ambiguity and ambivalence in military family reintegration. *Family Relations, 65*(4), 603-615.

Holmes, J. E. (1977). *Dungeons & dragons* [basic set]. TSR.

Holmes, L. (2014). "When the search is over: Reconnecting missing children and adults." *London: Missing People*, 8.

Hommel, B., Müsseler, J., Aschersleben, G., & Prinz, W. (2001). The theory of event coding (TEC): A framework for perception and action planning. *Behavioral & Brain Sciences, 24*(5), 849-878.

Horowitz, M. J. (1976). *Stress response syndromes.* Aronson.

Howe, M. L., & Courage, M. L. (1993). On resolving the enigma of infantile amnesia. *Psychological Bulletin, 113*(2), 305-326.

Hsu, K. J., Beard, C., Rifkin, L., Dillon, D. G., Pizzagalli, D. A., & Björgvinsson, T. (2015). Transdiagnostic mechanisms in depression and anxiety: The role of rumination and attentional control. *Journal of Affective Disorders, 188*, 22-27.

Huddleston, J., & Ge, X. (2003). Boys at puberty: Psychosocial implications. In C. Hayward (Ed.), *Gender differences at puberty* (pp. 113–134). Cambridge University Press.

Huffman, K., Dowdell, K., & Sanderson, C. A. (2017). *Psychology in action* (12th ed.). Wiley.

Hutson, E., Thompson, B., Bainbridge, E., Melnyk, B. M., & Warren, B. J. (2021). Cognitive-behavioral skills building to alleviate the mental health effects of bullying victimization in youth. *Journal of Psychosocial Nursing & Mental Health Services, 59*(5), 15-20.

Hyde, A., Drennana, J., Howletta, E., Carneyb, M., Butlera, M., & Lohan, M. (2012). Parents' constructions of the sexual self-presentation and sexual conduct of adolescents: Discourses of gendering and protecting. *Culture, Health, & Sexuality, 14*(8), 895-909.

Igbal, N., & Dar, K. A. (2015). Negative affectivity, depression, and anxiety: Does rumination mediate the links? *Journal of Affective Disorders, 181*, 18-23.

International Centre for Missing and Exploited Children. (2022). *Statistics.* Global Missing Children's Network. https://globalmissingkids.org/awareness/missing-children-statistics.

Ismail, S., Cheston, R., Christopher, G., & Meyrick, J (2020). Nostalgia as a psychological resource for people with dementia: A systematic review and meta-analysis of evidence of effectiveness from experimental studies. *Dementia, 19*(2), 330-351.

Isuru, A., Bandumithra, P., & Williams, S. S. (2021). Locked in grief: A qualitative study of grief among family members of missing persons in southern Sri Lanka. *BMC Psychology, 9*, Artl 167.

Ivie, D. (2019, August 4). *Stranger Things 3's actors fought against Steve and Robin becoming a couple.* Vulture. https://vulture.com/2019/08/netflix-stranger-things-3-steve-robin-romance.html.

Iyer, A., & Jetten, J. (2011). What's left behind: Identity continuity moderates the effect of nostalgia well-being and life choices. *Journal of Personality & Social Psychology, 101*(1), 94-108.

James, M., Anderson, J., & Putt, J. (2008). *Missing persons in Australia.* Australian Institute of Criminology.

James, W. (1890/1950). *Principles of psychology* (Vol. 1). Dover.

Janisse, K., & Corupe, P. (Eds.). (2016). *Satanic panic: Pop-cultural paranoia in the 1980s* (2nd ed.). FAB Press.

Jasper, M. C. (2006). *Missing and exploited children: How to protect your child.* Oxford University Press.

Jenkins, H. (2012). *Textual poachers: Television fans and participatory culture* (2nd ed.). Routledge.

Jiang, T., Cheung, W. Y., Wildschut, T., & Sedikides, C. (2021). Nostalgia, reflection, brooding: Psychological benefits and autobiographical memory functions. *Consciousness & Cognition, 90*, 103107.

Jin, L. (2020, December 17). *The rise and fall of the missing children milk carton campaign.* Medium. https://medium.com/the-collector/the-rise-and-fall-of-the-missing-children-milk-carton -campaign-4e9228d34cb7.

Jones, W. H., & Carver, M. D. (1991). Adjustment and coping implications of loneliness. In C.

R. Snyder & D. R. Forsyth (Eds.), *Handbook of clinical psychology: The health perspective* (pp. 395–415). Pergamon.

Jordan, J. S. (2013). The wild ways of conscious will: What we do, how we do it, and why it has meaning. *Frontiers in Psychology, 4,* 574.

Jordan, J. S. (2019). Wild stories: Science, consciousness, and the anticipatory narratives in which we live. *Journal of Consciousness Studies, 27*(3-4), 128-151.

Jordan, J. S., & Day, B. (2014). *Wild systems theory as a 21st century coherence framework for cognitive science.* Open MIND.

Jordan, J. S., & Ranade, E. (2014). Multiscale entrainment: A primer in prospective cognition for educational researchers. *Journal of Cognitive Education & Psychology, 13*(2), 147-162.

Jung, C. G. (1951/1959). *Aion: Researches into the phenomenology of the self.* Princeton University Press.

Jung, C. G. (1958). *Psyche & symbol.* Anchor.

Justman, S. (2021). The guilt-free psychopath. *Philosophy, Psychiatry, & Psychology, 28*(2), 87-104.

Kahneman, D., & Miller, D. T. (1986). Norm theory: Comparing reality to its alternatives. *Psychological Review, 93*(2), 136-153.

Kahneman, D., & Tversky, A. (1972). Subjective probability: A judgment of representativeness. *Cognitive Psychology, 3*(3), 430-454.

Kajtazi-Testa, L., & Hewer, C. J. (2018). Ambiguous loss and incomplete abduction narratives in Kosovo. *Clinical Child Psychology & Psychiatry, 23*(2), 333-345.

Kang, X., Li, L., Wei, D., Xu, X., Zhao, R., Jung, Y., Ying-ying, X., Li-ze, G., & Jiang, W. (2014). Development of a simple score to predict outcome for unresponsiveness wakefulness syndrome. *Critical Care, 18*(1), Artl R37.

Karakis, E. N., & Levant, R. F. (2012). Is normative male alexithymia associated with relationship satisfaction, fear of intimacy, and communication quality among men in relationships? *Journal of Men's Studies, 20*(3), 179-186.

Karren, K. (2014). *Mind/body health: The effects of attitudes, emotions, and relationships.* Pearson.

Kennedy, C., Dean, F. P., & Chan, A. Y. C. (2019). In limbo: A systematic review of psychological responses and coping among people with a missing loved one. *Journal of Clinical Psychology, 75*(9), 1544-1571.

Kennedy, C., Deane, F. P., & Chan, A. Y. C. (2021). Intolerance of uncertainty and psychological symptoms among people with a missing loved one: Emotion regulation difficulties and psychological inflexibility as mediators. *Journal of Contextual Behavioral Science, 21*, 48-56.

Kidd, D. C., & Castano, E. (2013). Reading literary fiction improves theory of mind. *Science, 342*(6156), 377-380.

Kim, J. L., Sorsoli, C. L., Collins, K., Zylbergold, B. A., Schooler, D., & Tolman, D. L. (2007). From sex to sexuality: Exposing the heterosexual script on primetime network television. *Journal of Sex Research, 44*(2), 145-157.

King, C. A. S. (1983/1987). *The words of Martin Luther King, Jr.* Newmarket.

Kinsey, A. (1948). *Sexual behavior in the human male.* Saunders.

Kinsey, A. (1953). *Sexual behavior in the human female.* Saunders.

Kiselica, M. S., Benton-Wright, S., & Englar-Carlson, M. (2016). Accentuating positive masculinity: A new foundation for the psychology of boys, men, and masculinity. In Y. J. Wong & S. R. Wester (Eds.), *APA handbook of men and masculinities* (pp. 123–143). American Psychological Association.

Klages, S. V., & Wirth, J. H. (2014). Excluded by laughter: Laughing until it hurts someone else. *Journal of Social Psychology, 154*(1), 8-13.

Klotz, S., & Whithaus, C. (2015). Gloria Anzaldúa's rhetoric of ambiguity and antiracist teaching. *Composition Studies, 43*(2), 72-91.

Kochenderfer-Ladd, B., & Skinner, K. (2002). Children's coping strategies: Moderators of the effects of peer victimization? *Developmental Psychology, 38*(2), 267.

Kübler-Ross, E. (1973). *On death and dying.* Tavistock.

Kumar, R. (2019, February 26). "We're all patriots in this house": American fantasies of color-blindness and border control in Stranger Things. *Refractory: A Journal of Entertainment Media.* https://refractory-journal.com/were-all-patriots-in-this-house-american-fantasies-of-colorblindness-and-border-control-in-stranger-things.

Kutner, M. (2016, August 10). How "Stranger Things" captures '80s panic over missing kids. Newsweek. https://newsweek.com/stranger-things-missing-children-netflix-488605.

Lamar, B. (2019, July 29). What's up with how "Stranger Things" treats its Black characters? [Opinion]. Shadow and Act. https://shadowandact.com/stranger-things-black-characters.

Lampinen, J. M., & Moore, K. N. (2016). Missing person alerts: Does repeated exposure decrease their effectiveness? *Journal of Experimental Criminology, 12*(4), 587-598.

Lampinen, J. M., Peters, C. S., Gier, V., & Sweeney, L. N. (2012). The psychology of the missing: Missing and abducted Children. In R. E. Holliday & T. A. Marche (Eds.), *Child forensic psychology: Victim and eyewitness testimony* (pp. 241–272). Palgrave Macmillan.

Lanese, N., & Dutfield, S. (2021, November 12). *Fight or flight: The sympathetic nervous system.* Live Science. https://livescience.com/65446-sympathetic-nervous-system.html.

Langley, T. (2016). Acknowledgments. In T. Langley (Ed.), *Game of Thrones psychology: The mind is dark and full of terrors* (pp. vii–xi). Sterling.

Langley, T. (2022). *Batman and psychology: A dark and stormy knight* (2nd ed.). Wiley.

Langley, T. (Ed.). (2015). *The Walking Dead psychology: Psych of the living dead.* Sterling.

Langley, T. (Ed.). (2019). *The Joker psychology: Evil clowns and the women who love them.* Sterling.

Larson, R., Richards, M. H., Moneta, G., Holmbeck, G., & Duckett, E. (1996). Changes in adolescents' daily interactions with their families from ages 10 to 18: Disengagement and transformation. *Developmental Psychology, 32*(4), 744-754.

Lash, J. P. (1997). *Helen and teacher: The story of Helen Keller and Anne Sullivan Macy.* Da Capo.

Leary, M. R., Springer, C., Negel, L., Ansell, E., & Evans, K. (1998). The causes, phenomenology, and consequences of hurt feelings. *Journal of Personality & Social Psychology, 74*(5), 1225-1237.

Lee, K., Talwar, V., McCarthy, A., Ross, I., Evans, A., & Arruda, C. (2014). Can classic moral stories promote honesty in children? *Psychological Science, 25*(8), 1630-1636.

Leeds, A. M. (2013). *Strengthening the self: Principles and procedures for creating successful treatment outcomes for adult survivors of neglect and abuse.* EMDRIA. https://emdria.org/learning-class/strengthening-the-self-principles-and-procedures-for-creating-successful-treatment-outcomes-for-adult-survivors-of-neglect-and-abuse.

Leider, R. J. (2015). *The power of purpose: Find meaning, live longer, better* (3rd ed.). Berrett-Koehler.

Lenferink, L. I. M., de Keijser, J., Piersma, E., & Boelen, P. A. (2018). I've changed, but I'm not less happy: Interview study among nonclinical relatives of long-term missing persons. *Death Studies, 42*(6), 346-355.

Lenferink, L. I. M., de Keijser, J., Wessel, I., & Boelen, P. A. (2018). Cognitive-behavioral correlates of psychological symptoms among relatives of missing persons. *International Journal of Cognitive Therapy, 11*(3), 311-324.

Lenferink, L. I. M., Eisma, M. C., de Keijser, J., & Boelen, P. A. (2017). Grief rumination mediates the association between self-compassion and psychopathology in relatives of missing persons. *European Journal of Psychotraumatology, 8*(Suppl 6), ArtID 1378052.

Levant, R., Allen, P., & Lien, M-C. (2014). Alexithymia in men: How and when do emotional processing deficiencies occur? *Psychology of Men & Masculinity, 15*(3), 324-334.

Lewit, E. M., & Baker, L. S. (1998). Missing children. *The Future of Children, 8*, 141-151.

Lieberman, M. D. (2013). *Social: Why our brains are wired to connect.* Crown.

Liegner, E. (1977). The first interview in modern psychoanalysis. *Modern Psychoanalysis, 2*(1), 55-66.

Lincoln, T. M., Stahnke, J., & Moritz, S. (2014). The short-term impact of a paranoid explanation on self-esteem: An experimental study. *Cognitive Therapy & Research, 38*(4), 397-406.

Link. N. F., Sherer, S. E., & Byrne, P. N. (1977). Moral judgment and moral conduct in the psychopath. *Canadian Psychiatric Association Journal, 22*(7), 341-346.

Linley, P. A., & Joseph, S. (2011). Meaning in life and posttraumatic growth. *Journal of Loss & Trauma, 16*(2), 150-159.

Lis, E., Chiniara, C., Biskin, R., & Montoro, R. (2015). Psychiatrists' perceptions of role-playing games. *Psychiatric Quarterly, 86*(3), 381-384.

Livingstone, Ian (1982). *Dicing with dragons: An introduction to role-playing games* (Revised ed.). Routledge.

Lowy. (1991). Yuppie racism: Race relations in the 1980s. *Journal of Black Studies, 21*(4), 445-464.

Lozenski, B. (2018, March). On the mythical rise of White Nationalism and other stranger things. *Journal of Language & Literacy Education.* http://jolle.coe.uga.edu/wp-content/uploads/2018/03/SSO-March-2018_Lozenski_Final.pdf.

Luborsky, L. (1998). The Relationship Anecdotes Paradigm (RAP) interview as a versatile source of narratives. In L. Luborsky & P. Crits-Christoph (Eds.), *Understanding transference: The core conflictual relationship theme method* (pp. 109–120). American Psychological Association.

Luhmann, M., Bohn, J., Holtmann, J., Koch, T., & Eid, M. (2016). I'm lonely, can't you tell? Convergent validity of self- and informant ratings of loneliness. *Journal of Research in Personality, 61*, 50-60.

Maccoby, E. E. (1990). Gender and relationships: A developmental account. *American Psychologist, 45*(4), 513-520.

MacDonald, G., & Leary, M. R. (2005). Why does social exclusion hurt? The relationship between social and physical pain. *Psychological Bulletin, 131*(2), 202-223.

Maier, S. F., & Seligman, M. E. (2016). Learned helplessness at fifty: Insights from neuroscience. *Psychological Review, 123*(4), 349-367.

Maki, V. (2019, November 14). *Stranger Things' Billy Hargrove is most definitely a queer coded character.* Comics Beat. https://comicsbeat.com/stranger-things-billy-hargrove-queer-coded-character.

Mansfield, P. R. (2007). The illusion of invulnerability. *BMJ Clinical Research, 334*(7602), 1020.

Mar, R. A., Tackett, J. L., & Moore, C. (2010). Exposure to media and theory-of-mind development in preschoolers. *Cognitive Development, 25*(1), 69-78.

Markham, K. D., & Miller, A. K. (2006). Depression, control, and counterfactual thinking: Functional for whom? *Journal of Social & Clinical Psychology, 25*(2), 210-227.

Marks-Tarlow, T. (2012). The play of psychotherapy. *American Journal of Play, 4*(3), 352-377.

Marsh, H., Nagengast, B., Morin, A., Parada, R., Craven, R., & Hamilton, L. (2011). Construct validity of the multidimensional structure of bullying and victimization: An application of exploratory structural equation modeling. *Journal of Educational Psychology, 103*(3), 701-732.

Matos, K., O'Neill, O., & Lei, X. (2018). Toxic leadership and the masculinity contest culture: How "win or die" cultures breed abusive leadership. *Journal of Social Issues, 74*(3), 500-528.

McCain, J., Gentile, B., & Campbell, W. K. (2015). A psychological exploration of engagement in geek culture. *PLoS One, 10*, e0142200.

McCann, W. H. (1943). Nostalgia: A descriptive and comparative study. *Pedagogical Seminary & Journal of Genetic Psychology, 62*(1), 97-104.

McClurg, J. (2018, March 27). *#BookmarkThis: Kidnap victim Elizabeth Smart says she's proud to be a survivor.* USA Today. https://usatoday.com/story/life/books/2018/03/27/bookmarkthis -kidnap-victim-elizabeth-smart-says-shes-proud-survivor/464293002.

McCormack, L., Ballinger, S., Valentine, M., & Swaab, L. (2021). Complex trauma and post-traumatic growth: A bibliometric analysis of research output over time. *Traumatology* (advance online publication). https://onlinelibrary.wiley.com/doi/10.1002/jcad.12143.

McFarland, M. (2017, October 31). *How "Stranger Things 2" cloaks racial tension in the heartland.* Salon. https://salon.com/2017/10/31/how-stranger-things-2-cloaks-racial-tension-in-the -heartland.

McGraw, A. P., Mellers, B. A., & Tetlock, P. E. (2005). Expectancies and emotions of Olympic athletes. *Journal of Experimental Social Psychology, 41*(4), 438-446.

McLaurin, S. L. (2005). *Childhood experiences of sibling abuse: An investigation into learned help-lessness* [Doctoral dissertation, Virginia Polytechnic Institute and State University].

Meadow, P. (1990). Treatment beginnings. *Modern Psychoanalysis, 15*(1), 3-10.

Medvec, V. H., Madey, S. F., & Gilovich, T. (1995). When less is more: Counterfactual thinking and satisfaction among Olympic medalists. *Journal of Personality & Social Psychology, 69*(4), 603-610.

Mell-Taylor, A. (2019, August 23). *The (metaphorical) blackface of Stranger Things.* Alex Has Opinions. https://alexhasopinions.medium.com/the-metaphorical-blackface-of-stranger -things-8768a0d58d75.

Midgett, A., & Doumas, D. M. (2019). Witnessing bullying at school: The association between being a bystander and anxiety and depressive symptoms. *School Mental Health, 11*(3), 454-463.

Milligan, M. J. (2003). Displacement and identity discontinuity: The role of nostalgia in estab-lishing new identity categories. *Symbolic Interaction, 26*(3), 381-403.

Mitchell, N., Biehal, F., & Wade, J. (2003). *Lost from view: A study of missing people in the UK.* The Policy Press.

Mitchell, S., & Steele, K. (2021). Mentalising in complex trauma and dissociative disorders. *European Journal of Trauma & Dissociation, 5*(3), ArtID 100168.

Morewitz, S. J., & Colls, C. S. (2016). Missing persons: An introduction. In S. J. Morewitz & C. S. Colls (Eds.), *Handbook of missing persons* (pp. 1–5). Springer, Cham.

Morrison, B. (2006). School bullying and restorative justice: Toward a theoretical understanding of the role of respect, pride, and shame. *Journal of Social Issues, 62*(2), 371-392.

Moskowitz, A., & van der Hart, O. (2020). Historical and contemporary conceptions of trauma-related dissociation: A neo-Janetian critique of models of divided personality. *European Journal of Trauma & Dissociation, 4*(2), ArtID 100101.

Moules, N. J., Estefan, A., Laing, C. M., Schulte, F., Guilcher, G. M. T., Field, J. C., & Strother, D. (2017). "A tribe apart": Sexuality and cancer in adolescence. *Journal of Pediatric Oncology Nursing, 34*(4), 295-308.

Moynihan, M., Pitcher, C., & Saewyc, E. (2018). Interventions that foster healing among sexually exploited children and adolescents: A systematic review. *Journal of Child Sexual Abuse: Research, Treatment, & Program Innovations for Victims, Survivors, & Offenders, 27*(4), 403-423.

Mudrack, P. E., & Mason, E. (2013). Dilemmas, conspiracies, and Sophie's choice: Vignette themes and ethical judgments. *Journal of Business Ethics, 118*(3), 639-653.

Munawar, K., Kuhn, S. K., & Haque, S. (2018). Understanding the reminiscence bump: A systematic review. *PloS One, 13*(12), e0208595.

Murray, H. L. (2018). Survivor guilt in posttraumatic stress disorder clinic sample. *Journal of Trauma & Loss, 23*(7), 600-607.

Nagoski, E., & Nagoski, A. (2019). *Burnout: The secret to unlocking the stress cycle.* Ballantine.

Nail, P. R., Simon, J. B., Bihm, E. M., & Beasley, W. H. (2016). Defensive egoism and bullying: Gender differences yield qualified support for the compensation model of aggression. *Journal of School Violence, 15*(1), 22-47.

Nathanson, D. (1987). A timetable for shame. In D. Nathanson (Ed.), *The many faces of shame* (pp. 1–63). Guilford.

Nathanson, D. L. (1992). *Shame and pride.* Norton.

National Crime Information Center (2020). *NCIC Missing person and unidentified person statistics for 2018.* https://fbi.gov/file-repository/2018-ncic-missing-person-and-unidentified-person -statistics.pdf/view.

National Crime Information Center (2022). *2021 Missing and unidentified person statistics.* National Crime Information Center.

Nickerson, R. S. (1998). Confirmation bias: A ubiquitous phenomenon in many guises. *Review of General Psychology, 2*(2), 175-220.

Norton, M. I., & Sommers, S. R. (2011). Whites see racism as a zero-sum game that they are now losing. *Perspectives on Psychological Science, 6*(3), 215-218.

Olatunji, B. O., Naragon-Gainey, K., & Wolitzky-Taylor, K. B. (2013). Specificity of rumination in anxiety and depression: A multimodal meta-analysis. *Clinical Psychology: Science & Practice, 20*(3), 225-257.

Oller, J. (2019, July 8). *Call now! Stranger Things sets up hilarious answering machine Easter egg.* SyFy. https://syfy.com/syfy-wire/stranger-things-answering-machine-easter-egg.

Olweus, D. (1993). *Bullying at school: What we know and what we can do.* Blackwell.

Olweus, D. (1996). Bullying or peer abuse in school: Intervention and prevention. In G. Davis, S. Lloyd-Bostock, M. McMurran, & C. Wilson (Eds.), *Psychology, law, and criminal justice: International developments in research and practice* (pp. 248–263). De Gruyter.

Osei-Opare, N. (2020). *Around the world, the U.S. has long been a symbol of anti-black racism.* The Washington Post. https://washingtonpost.com/outlook/2020/06/05/around-world-us-has -long-been-symbol-anti-black-racism.

Pak, G. (2020). *Stranger Things: The bully* (V. Favoccia, Illus.). Dark Horse.

Palmer, B. (2012, April 20). *Why did children start showing up on milk cartons?* Slate. https://slate.com/news-and-politics/2012/04/etan-patz-case-why-did-dairies-put-missing-children-on-their-milk-cartons.html.

Parkes, C. M. (1998). Coping with loss: Bereavement in adult life. *BMJ, 316*(7134), 856-859.

Parr, H., Stevenson, O., & Woolnough, P. (2016). Searching for missing people: Families living with ambiguous absence. *Emotion, Space, & Society, 19*, 66-75.

Parris, L., Jungert, T., Thornberg, R., Varjas, K., Meyers, J., Grunewald, S., & Shriberg, D. (2020). Bullying bystander behaviors: The role of coping effectiveness and the moderating effect of gender. *Scandinavian Journal of Psychology, 61*(1), 38-46.

Parris, L., Varjas, K., Meyers, J., Henrich, C., & Brack, J. (2019). Coping with bullying: The moderating effects of self-reliance. *Journal of School Violence, 18*(1), 62-76.

Pasley, B. K., & Ihinger-Tallman, M. (1989). Boundary ambiguity in remarriage: Does ambiguity differentiate degree of marital adjustment and interaction? *Family Relations, 38*(1), 46-52.

Pastorino, E., & Doyle-Portillo, S. (2009). *What is psychology?* (2nd ed.). Thomas Learning.

Pasupathi, M. (2001). The social construction of the personal past and its implications for adult development. *Psychological Bulletin, 127*(5), 651-672.

Patchin, J. W., & Hinduja, S. (2006). Bullies move beyond the schoolyard: A preliminary look at cyberbullying. *Youth Violence & Juvenile Justice, 4*(2), 148-169.

Patz, K. (2012, April 20). *Etan Patz: A brief history of the "missing child" milk carton campaign.* Time. https://newsfeed.time.com/2012/04/20/etan-patz-a-brief-history-of-the-missing-child-milk-carton-campaign.

Pennycook, G., Cheyne, J. A., Barr, N., Koehler, D. J., & Fugelsang, J. A. (2015). On the reception and detection of pseudo-profound bullshit. *Judgment & Decision Making, 10*(6), 549-563.

Peters, R. (1985). Reflections on the origin and aim of nostalgia. *Journal of Analytical Psychology, 30*(2), 135-148.

Pfaltz, M. C., Michael, T., Meyer, A. H., & Wilhelm, F. H. (2013). Reexperiencing symptoms, dissociation, and avoidance behaviors in daily life of patients with PTSD and patients with panic disorder with agoraphobia. *Journal of Traumatic Stress, 26*(4), 443-450.

Plass, P. S. (2007). Secondary victimizations in missing child events. *American Journal of Criminal Justice, 32*(1-2), 30-44.

Platt, M. G., Luoma, J. B., & Freyd, J. J. (2017). Shame and dissociation in survivors of high and low betrayal trauma. *Journal of Aggression, Maltreatment, & Trauma, 26*(1), 34-39.

Pliske, M. M., Stauffer, S. D., & Werner-Lin, A. (2021). Healing from adverse childhood experiences through therapeutic powers of play: "I can do it with my hands." *International Journal of Play Therapy, 30*(4), 244-258.

Polanin, J. R., Espelage, D. L., & Pigott, T. D. (2012). A meta-analysis of school-based bullying prevention programs' effects on bystander intervention behavior. *School Psychology Review, 41*(1), 47-65.

Pollock, G. (2006). *Psychoanalysis and the image.* Blackwell.

Porcelli, P., Fava, G. A., Rafanelli, C., Bellomo, A., Grandi, S., Grassi, L., Pasquini, P., Picardi, A., Quartesan, R., Rigatelli, M., & Sonino, N. (2012). Anniversary reactions in medical patients. *Journal of Nervous & Mental Disease, 200*(7), 603-606.

Pourtova, E. (2013). Nostalgia and lost identity (J. Sklyanyn, Trans.). *Journal of Analytical Psy-*

chology, *58*(1), 34-51.

Preece, D. (2017). Establishing the theoretical components of alexithymia via factor analysis: Introduction and validation of the attention-appraisal model of alexithymia. *Personality & Individual Differences, 119*, 341-352.

Price, J., Sloman, L., Gardner, R., Gilbert, P., & Rodhe, P. (1994). The social competition hypothesis of depression. *British Journal of Psychiatry, 164*(3), 309-315.

Prudom, L. (2017, November 7). *There's only one logical explanation for Billy's behavior on 'Stranger Things.'* Mashable. https://mashable.com/article/billy-steve-stranger-things-2-ship-gay -character.

Qualter, P., Rotenberg, K., Barrett, L., Henzi, P., Barlow, A., Stylianou, M., & Harris, R. A. (2013). Investigating hypervigilance for social threat of lonely media. *Journal of Abnormal Child Psychology, 41*(2), 325-338.

Quelas, A. C., Power, M. J., Juhos, C., & Senos, J. (2008). Counterfactual thinking and functional differences in depression. *Clinical Psychology & Psychotherapy, 15*(5), 352-365.

Randi, J. (2013, October 23). *No amount of belief makes something a fact.* [Status update]. Facebook.

Rees, G. (2011). *Still running 3: Early findings from our third national survey of young runaways.* The Children's Society.

Reitman, D., & Drabman, R. S. (1997). The value of recognizing our differences and promoting healthy competition: The cognitive behavioral debate. *Behavior Therapy, 28*(3), 419-429.

Renfro, K. (2017, November 8). *'Stranger Things 2' actor reveals the challenges of filming a major fight scene: 'That was a really messed up day.'* Insider. https://insider.com/stranger-things-2 -hopper-eleven-mike-fight-scenes-2017-11.

Reysen, S., Plante, C. N., Roberts, S. E., & Gerbasi, K. C. (2016). Optimal distinctiveness and identification with the furry fandom. *Current Psychology, 35*(4), 638-642.

Ribot, T. (1896/2018). *Las psychologie des sentiments.* Hachette Livre-BNF.

Riggio, R. E. (2014, October 21). *The top ten things that make horror movies scary.* Psychology Today. https://psychologytoday.com/us/blog/cutting-edge-leadership/201410/the-top-ten -things-make-horror-movies-scary.

Ritchey, K. (2014). Black identity development. *Vermont Connection, 35*, 99-105.

Riva, P., & Eck, J. (2016). The many faces of social exclusion. In P. Riva & J. Eck (Eds.), *Social exclusion: Psychological approaches to understanding and reducing its impact* (pp. ix–xv). Springer.

Riva, P., Montali, L., Wirth, J. H., Curioni, S., & Williams, K. D. (2017). Chronic social exclusion and evidence for the resignation stage: An empirical investigation. *Journal of Social & Personal Relationships, 34*(4), 541-564.

Roberts, N. P., Roberts, P. A., Jones, N., & Bisson, J. I. (2015). Psychological interventions for post-traumatic stress disorder and comorbid substance use disorder: A systematic review and meta-analysis. *Clinical Psychology Review, 38*, 25-38.

Romero, L. M., & Butler, L. K. (2007). Endocrinology of stress. *International Journal of Comparative Psychology, 20*(2-3), 89-95.

Rudert, S. C., Hales, A. H., Greifeneder, R., & Williams, K. D. (2017). When silence is not golden: Why acknowledgment matters even when being excluded. *Personality & Social Psychology Bulletin, 43*(5), 678-692.

Runcan, P. L., Petracovschi, S., & Borca, C. V. (2012). The importance of play in the parent-child interaction. *Procedia—Social & Behavioral Sciences, 46,* 795-799.

Sagarin, B. J., Cialdini, R. B., Rice, W. E., & Sema, S. B. (2002). Dispelling the illusion of invulnerability: The motivations and mechanisms of resistance to persuasion. *Journal of Personality & Social Psychology, 83*(2), 526-541.

Salmon, S., Turner, S., Taillieu, T., Fortier, J., & Afifi, T. O. (2018). Bullying victimization experiences among middle and high school adolescents: Traditional bullying, discriminatory harassment, and cybervictimization. *Journal of Adolescence, 63,* 29-40.

Sanchez, R. P., Waller, M. W., & Greene, J. M. (2006). Who runs? A demographic profile of runaway youth in the United States. *Journal of Adolescent Health, 39*(5), 778-781.

Satir, V. (1988). *The new peoplemaking.* Science & Behavior Books.

Schaefer, C. E., & Kaduson, H. (1994). *The quotable play therapist: 238 of the all-time best quotes on play and play therapy.* J. Aronson.

Scarlet, J. (2017). *Superhero therapy: Mindfulness skills to help teens and young adults deal with anxiety, depression, and trauma.* Instant Help.

Schawbel, D. (2017, October 7). *Vivek Murthy: How to solve the work loneliness epidemic.* Forbes. https://forbes.com/sites/danschawbel/2017/10/07/vivek-murthy-how-to-solve-the-work-loneliness-epidemic-at-work/?sh=1d10e6f37172.

Schelfhout, S., Bowers, M. T., & Hao, Y. A. (2021). Balancing gender identity and gamer identity: Gender issues faced by Wang "Baize" Xinyu at the 2017 Hearthstone summer championship. *Games & Culture, 16*(1), 22-41.

Schimmenti, A. (2018). The trauma factor: Examining the relationships among different types of trauma, dissociation, and psychopathology. *Journal of Trauma & Dissociation, 19*(5), 552-571.

Schippers, M. C., & Ziegler, N. (2019). Life crafting as a way to find purpose and meaning in life. *Frontiers in Psychology, 10,* ArtID 2778.

Schwartz, M., & Galperin, L. (2002). Hyposexuality and hypersexuality secondary to childhood trauma and dissociation. *Journal of Trauma & Dissociation, 3*(4), 107-120.

Schwartz, R. (2013). *Internal family systems therapy* (2nd ed.). Guilford.

Schwegman, D. (1976, February). Statistics regarding classes: (Additions)—bards. *The Strategic Review, 2*(1), 11.

Scriven, P. (2021). From tabletop to screen: Playing Dungeons and Dragons during COVID-19. *Societies, 11*(4), 125.

Seabrook, R. C., Ward, L. M., & Giaccardi, S. (2019). Less than human? Media use, objectification or women, and men's acceptance of sexual aggression. *Psychology of Violence, 9*(5), 536-545.

Sedikides, C., Wildschut, T., Arndt, J., & Routledge, C. (2008). Nostalgia: Past, present, and future. *Current Directions in Psychological Science, 17*(5), 304-307.

Sedikides, C., Wildschut, T., Routledge, C., & Arndt, J. (2015). Nostalgia counteracts self-discontinuity and restores self-continuity. *European Journal of Social Psychology, 45*(1), 52-61.

Sephton, C. (2017, May 4). *Missing children cases that shocked the world: What happened next?* Sky News. https://news.sky.com/story/missing-children-cases-that-shocked-the-world-what-happened-next-10859345.

Shakespeare, W. M. (1623/1982). *Hamlet, prince of Denmark.* In *The illustrated Stratford Shakespeare* (pp. 799–831). Chancellor.

Shamsian, J. (2017, October 18). *Netflix has a special word for people who binge watch an entire season of TV right after it drops.* Insider. https://insider.com/netflix-binge-race-watch-tv-show

-24-hours-2017-10.

Shantz, C. U., & Hobart, C. J. (1989). Social conflict and development: Peers and siblings. In T. J. Berndt & G. W. Ladd (Eds.), *Peer relations in child development* (pp. 71–94). Wiley.

Shapiro, F. (2001). *Eye movement desensitization and reprocessing: Basic principles, protocols, and procedures* (2nd ed.). Guilford.

Shapiro, F. (2012). *Getting past your past: Take control of your life with self-help techniques from EMDR therapy.* Harmony/Rodale.

Shaw, B. A., Krause, N., Chatters, L. M., Connell, C. M., & Ingersoll-Dayton, B. (2004). Emotional support from parents early in life, aging, and health. *Psychology & Aging, 19*(1), 4-12.

Shea, L., Thompson, L., & Bleiszner, R. (1988). Resources in older adults' old and new friendships. *Journal of Social & Personal Relationships, 5*(1), 83-96.

Shevlin, M., McElroy, E., & Murphy, J. (2015). Loneliness mediates the relationship between childhood trauma and adult psychopathology: Evidence from the adult psychiatric morbidity survey. *Social Psychiatry & Psychiatric Epidemiology, 50*(4), 591-601.

Sidhu, P., & Carter, M. (2021). Pivotal play: Rethinking meaningful play in games through death in Dungeons & Dragons. *Games & Culture, 16*(8), 1044-1064.

Skalski, S., & Pochwatko, G. (2020). Gratitude is female: Biological sex, socio-cultural gender versus gratitude and positive orientation. *Current Issues in Personality Psychology, 8*(1), 1-9.

Smith, A., & Williams, K. D. (2004). R U There? Effects of ostracism by cell phone messages. *Group Dynamics: Theory, Research, & Practice, 8*(4), 291-301.

Smith, B. N., Vaughn, R. A., Vogt, D., King, D. W., King, L. A., & Shipherd, J. C. (2013). Main and interactive effects of social support in predicting mental health symptoms in men and women following military stressor exposure. *Anxiety, Stress & Coping, 26*(1), 52-69.

Smith, D. G., Xiao, L., Bechara, A. (2012). Decision making in children and adolescents: Impaired Iowa gambling task performance in early adolescence. *Developmental Psychology, 48*(4), 1180-1187.

Smith, T. W. (1991). A critique of the Kinsey Institute/Roper Organization National Sex Knowledge Survey. *Public Opinion Quarterly, 55*(3), 449-457.

Smith. J. (2013). Between colorblind and colorconscious: Contemporary Hollywood films and struggles over racial representation. *Journal of Black Studies, 44*(8), 779-797.

Solsman, J. E. (2019, October 16). *Stranger Things is Netflix's most-watched show (as far as we know): The company reveals how much we binge its originals like Money Heist, Tall Girl, Secret Obsession and Unbelievable.* c|net. https://cnet.com/news/stranger-things-is-netflix-most-watched-show-as-far-as-we-know.

Somerville, L. H. (2013). The teenage brain: Sensitivity to social evaluation. *Current Directions in Psychological Science, 22*(2), 121-127.

Sorrenti, L., Spadaro, L., Mafodda, A. V., Scopelliti, G., Orecchio, S., & Filippello, P. (2019). The predicting role of school Learned helplessness in internalizing and externalizing problems. An exploratory study in students with Specific Learning Disorder. *Mediterranean Journal of Clinical Psychology, 7*(2), 1-14.

Stapley, L. A., & Murdock, N. L. (2020). Leisure in romantic relationships: An avenue for differentiation of self. *Personal Relationships, 27*(1), 76-101.

Stefaniak, A., Wohl, M. J. A., Blais, J., & Pruysers, S. (2022). The I in us: Personality influences the expression of collective nostalgia. *Personality & Individual Differences, 187*, ArtID 111392.

Sterlin, S. (2020, December 4). *Stranger Things: Hopper's 5 best traits (& 5 worst)*. ScreenRant: https://screenrant.com/netflix-stranger-things-hopper-best-worst-traits.

Stevens, E., Jason, L. A., Ram, D., & Light, J. (2015). Investigating social support and network relationships in substance use disorder recovery. *Substance Abuse, 36*(4), 396-399.

Stevenson, E., & Thomas, S. D. M. (2018). A 10-year follow-up study of young people reported missing to the police for the first time in 2005. *Journal of Youth Studies, 21*(10), 1361-1375.

Stickley, A., & Koyanagi, A. (2016). Loneliness, common mental disorders and suicidal behavior: Findings from a general population survey. *Journal of Affective Disorders, 197*, 81-87.

Stillman, T. F., Baumeister, R. F., Lambert, N. M., Crescioni, A. W., DeWall, C. N., & Fincham, F. D. (2009). Alone and without purpose: Life loses meaning following social exclusion. *Journal of Experimental Social Psychology, 45*(4), 686-694.

Substance Abuse and Mental Health Services Administration. (2014). *Trauma-informed care in behavioral health services*. US Department of Health and Human Services.

Sue, D. W. (2010). Microaggressions, marginality, and oppression: An introduction. In D. W. Sue (Ed.), *Microaggressions and marginality: Manifestation, dynamics, and impact* (pp. 3–22). Wiley.

Swanton, B., & Wilson, P. (1989). Research brief: Missing persons. *Australian Institute of Criminology: Trends & Issues in Criminal Justice* (17). Australian Institute of Criminology.

Symister, P., & Friend, R. (2003). The influence of social support and problematic support on optimism and depression in chronic illness: A prospective study evaluating self-esteem as a mediator. *Health Psychology, 22*(2), 123-129.

Szücs, A., Szanto, K., Adalbert, J., Wright, A. G. C., & Clark, L. (2020). Status, rivalry, and admiration-seeking in narcissism and depression: A behavioral study. *PloS One, 15*(12), ArtID e02453588.

Talarico, J. M., & Rubin, D. C. (2007). Flashbulb memories are special after all, in phenomenology, not accuracy. *Applied Cognitive Psychology, 21*(5), 557-578.

Tarling, R., & Burrows, J. (2004). The nature and outcome of going missing: The challenge of developing effective risk assessment procedures. *International Journal of Police Science & Management, 6*(1), 16-26.

Tate, N. (2018, May 4). *Loneliness rivals obesity, smoking as health risk*. WebMD. https://webmd.com/balance/news/20180504/loneliness-rivals-obesity-smoking-as-health-risk.

Tedeschi, R. G., & Blevins, C. L. (2015). From mindfulness to meaning: Implications for the theory of posttraumatic growth. *Psychological Inquiry, 26*(4), 373-376.

Tenenbaum, L. S., Varjas, K., Meyers, J., & Parris, L. (2011). Coping strategies and perceived effectiveness in fourth through eighth grade victims of bullying. *School Psychology International, 32*(3), 263-287.

Tennyson, A. (1850/1993). In memoriam A. H. H. In A. H. Abrams, G. H. Ford, & C. T. Christ (Eds.), *The Norton anthology of English literature* (6th ed., Vol. 2, pp. 1084–1132). Norton.

Terrizzi, J., & Shook, N. (2018). On the origin of shame: Does shame emerge from an evolved disease-avoidance architecture? *Frontiers in Behavioral Neuroscience*. https://frontiersin.org/articles/10.3389/fnbeh.2020.00019/full.

Testoni, I., Franco, C., Palazzo, L., Iacona, E., Zamperini, A., & Wieser, M. A. (2020). The endless grief in waiting: A qualitative study of the relationship between ambiguous loss and anticipatory mourning amongst the relatives of missing persons in Italy. *Behavioral Sciences, 10*(7), 110.

Thepostarchive. (2016, January 17). *The Negro in American culture*. [Video]. YouTube. https://youtube.com/watch?v=jNpitdJSXWY.

Thompson, E. (2017, November 3). *Some Stranger Things fans really want Steve and Billy to make out*. Cosmopolitan. https://cosmopolitan.com/entertainment/tv/a13148667/billy-steve-shipping-stranger-things.

Thompson, K. L., Hannan, S. M., & Miron, L. R. (2014). Fight, flight, and freeze: Threat sensitivity and emotion dysregulation in survivors of chronic childhood maltreatment. *Personality & Individual Differences, 69,* 28-32.

Thompson, S. J., Cochran, G., & Barczyk, A. N. (2012). Family functioning and mental health in runaway youth: Associations with posttraumatic stress syndrome. *Journal of Traumatic Stress, 25*(5), 598-601.

Thompson-Hollands, J., Marx, B. P., Lee, D. J., & Sloan, D. M. (2021). Longitudinal change in self-reported peritraumatic dissociation during and after a course of posttraumatic stress disorder treatment: Contributions of symptom severity and time. *Psychological Trauma: Theory, Research, Practice, & Policy, 13*(6), 665-672.

Tomkins, S. (1962). *Affect imagery consciousness. The positive affects* (Vols. 1-2). Springer.

Triplett, K. N., Tedeschi, R. G., Cann, A., Calhoun, L. G., & Reeve, C. L. (2012). Posttraumatic growth, meaning in life, and life satisfaction in response to trauma. *Psychological Trauma: Theory, Research, Practice, & Policy, 4*(4), 400-410.

Trollo, J. (2017, November 25). *Father-child relationships on "Stranger Things."* Psychology Today. https://psychologytoday.com/us/blog/its-all-about-the-dads/201711/father-child-relationships-stranger-things.

Tucker, J. S., Edelen, M. O., Ellickson, P. L., & Klein, D. J. (2011). Running away from home: A longitudinal study of adolescent risk factors and young adult outcomes. *Journal of Youth & Adolescence, 40*(5), 507-518.

Turner, S. E. (2014). *The colorblind screen: Television in post-racial America*. New York University Press.

TV Tropes (n.d.). *Squishy wizard*. TV Tropes. https://tvtropes.org/pmwiki/pmwiki.php/Main/SquishyWizard.

Udachina, A., Bentall, R. P., Varese, F., & Rowse, G. (2017). Stress sensitivity in paranoia: Poor-me paranoia protects against the unpleasant effects of social stress. *Psychological Medicine, 47*(16), 2834-2843.

Vaes, J., Paladino, P., & Puvia, E. (2011). Are sexualized women complete human beings? Why men and women dehumanize sexually objectified women. *European Journal of Social Psychology, 41*(6), 774-785.

Van der Kolk, B. A. (1994). The body keeps the score: Memory and the evolving psychobiology of posttraumatic stress. *Harvard Review of Psychiatry, 1*(5), 253-265.

Van der Kolk, B. A. (2014). *The body keeps the score: Brain, mind, and body in the healing of trauma*. Viking.

Van Prooijen, J. (2019). Belief in conspiracy theories: Gullibility or rational skepticism? In J. P. Forgas & R. F. Baumeister (Eds.), *The social psychology of gullibility: Fake news, conspiracy theories, and irrational beliefs* (pp. 319–332). Routledge Taylor & Francis.

Van Prooijen, J., & Song, M. (2021). The cultural dimension of intergroup conspiracy theories. *British Journal of Psychology, 112*(2), 455-473.

Van Zantvliet, P. I., Ivanova, K., & Verbakel, E. (2020). Adolescents' involvement in romantic relationships and problem behavior: The moderating effect of peer norms. *Youth & Society*, *54*(4), 574-591.

Veling, W., Sizoo, B., van Buuren, J., van den Berg, C., Sewbalak, W., Pijnenborg, G. H. M., Boonstra, N., Castelein, S., & van der Meer, L. (2021). Zijn complotdenkers psychotisch? Een vergelijking tussen complottheorieën en paranoïde wanen (Are conspiracy theorists psychotic? A comparison between conspiracy theories and paranoid delusions). *Tijdschrift Voor Psychiatrie*, *63*(11), 1-7.

Verhulst, J. (1984). Limerence: Notes on the nature and function of passionate love. *Psychoanalysis & Contemporary Thought*, *7*(1), 115-138.

Verkuyten, M., & Masson, K. (1996). Culture and gender differences in the perception of friendship by adolescents. *International Journal of Psychology*, *31*(5), 207-217.

Vidourek, R. A., King, K. A., & Merianos, A. L. (2016). School bullying and student trauma: Fear and avoidance associated with victimization. *Journal of Prevention & Intervention in the Community*, *44*(2), 121-129.

Vollmayr, B., & Gass, P. (2013). Learned helplessness: Unique features and translational value of a cognitive depression model. *Cell & Tissue Research*, *354*(1), 171-178.

Wabnegger, A., Gremsl, A., & Schienle, A. (2021). The association between the belief in coronavirus conspiracy theories, miracles, and the susceptibility to conjunction fallacy. *Applied Cognitive Psychology*, *35*(5), 1344-1348.

Wajsblat, L. L. (2012). Positive androgyny and well-being: A positive psychological perspective on gender role variance. *Dissertation Abstracts International, Section B: The Sciences & Engineering*, *72*(8-B), 5019.

Walton, M. T., Lykins, A. D., & Bhullar, N. (2016). Sexual arousal and sexual activity frequency: Implications for understanding hypersexuality. *Archives of Sexual Behavior*, *45*(4), 777-782.

Wayland, S., Maple, M., McKay, K., & Glassock, G. (2016). Holding on to hope: A review of the literature exploring missing persons, hope and ambiguous loss. *Death Studies*, *40*(1), 54-60.

Webster, V., Brough, P., & Daly, V. (2016). Fight, flight, or freeze: Common responses for follower coping with toxic leadership. *Stress & Health*, *32*(4), 346-354.

Wegner, D. M. (2017). *The illusion of conscious will*. MIT Press.

Wegner, D. M., & Wheatley, T. (1999). Apparent mental causation: Sources of the experience of will. *American Psychologist*, *54*(7), 480-492.

Weinberg, C. M. (2013). Hope, meaning, and purpose: Making recovery possible. *Psychiatric Rehabilitation Journal*, *36*(2), 124-125.

Weinstein, N., Ryan, W. S., DeHaan, C. R., Przybylski, A. K., Legate, N., & Ryan, R. M. (2012). Parental autonomy support and discrepancies between implicit and explicit sexual identities: Dynamics of self-acceptance and defense. *Journal of Personality & Social Psychology*, *102*(4), 815-832.

Weiss, K. J., & Dube, A. (2021). Whatever happened to nostalgia (the diagnosis)? *Journal of Nervous & Mental Disease*, *209*(9), 622-627.

Wesselmann, E. D., & Williams, K. D. (2017). Social life and social death: Inclusion, ostracism, and rejection in groups. *Group Processes & Intergroup Relations*, *20*(5), 693-706.

Wesselmann, E. D., Williams, K. D., Ren, D., & Hales, A. H. (2021). Ostracism and solitude. In R. J. Coplan, J. Bowker, & L. J. Nelson (Eds.), *The handbook of solitude: Psychological perspectives* on *social isolation, social withdrawal, and being alone* (2nd ed., pp. 209–223). Wiley-Blackwell.

White, M. (2007). *Maps of narrative practice.* Norton.

Widiger, T. A., & Crego, C. (2021). Psychopathy and the lack of guilt. *Philosophy, Psychiatry, & Psychology, 28*(2), 109-111.

Wiese, A. (2004). Places of their own: African American suburbanization in the twentieth century. University of Chicago Press.

Wildschut, T., Sedikides, C., Routledge, C., Arndt, J., & Cordaro, F. (2010). Nostalgia as a repository of social connectedness: the role of attachment-related avoidance. *Journal of Personality & Social Psychology, 98*(4), 573-586.

Wilhelm, H. (2017). The surprising joy of Stranger Things: A good, non-angry, non-political TV show is hard to find. *National Review, 69*(21), 24-25.

Willer, R., Rogalin, C. L., Conlon, B., & Wojnowicz, M. T. (2013). Overdoing gender: A test of the masculine overcompensation thesis. *American Journal of Sociology, 118*(4), 980-1022.

Williams, K. D. (2009). Ostracism: A temporal need-threat model. In M. P. Zanna (Ed.), *Advances in experimental social psychology* (Vol. 41, pp. 275–314). Academic Press.

Williams, K. D., & Nida, S. A. (2009). Is ostracism worse than bullying? In M. J. Harris (Ed.), *Bullying, rejection, and peer victimization: A social cognitive neuroscience perspective* (pp. 279–296). Springer.

Williams, K. D., Govan, C. L., Croker, V., Tynan, D., Cruickshank, M., & Lam, A. (2002). Investigations into differences between social and cyberostracism. *Group Dynamics: Theory, Research, & Practice, 6*(1), 65-77.

Wilson, R. S., Krueger, K. R., Arnold, S. E., Schneider, J. A., Kelly, J. F., Barnes, L. L., Tang, Y., & Bennett, D. A. (2007). Loneliness and risk of Alzheimer disease. *Archives of General Psychiatry, 64*(2), 234-240.

Wing Sue, D., & Sue, D. (2019). *Counseling the culturally diverse: Theory and practice* (8th ed.). Wiley.

Witt, H. (1985, January 27). Fantasy game turns into deadly reality. *Chicago Tribune*, C3, 81.

Wizards RPG Team (2014). *D&D player's handbook.* Wizards of the Coast.

Wolf, W., Levordashka, A., Ruff, J. R., Kraaijeveld, S., Lueckmann, J. M., & Williams, K. D. (2015). Ostracism Online: A social media ostracism paradigm. *Behavior Research Methods, 47*(2), 361-373.

Wong, Y. J., Owen, J., & Shea, M. (2012). A latent class regression analysis of men's conformity to masculine norms and psychological distress. *Journal of Counseling Psychology, 59*(1), 176-183.

Woolnough, P. S., Alys, L., & Pakes, F. (2016). Mental health issues and missing adults. In K. S. Greene & L. Alys, *Missing persons* (pp. 99–112). Routledge.

Wortmann, J. H. (2009). Religion-spirituality and change in meaning after bereavement: Qualitative evidence for the meaning making model. *Journal of Loss & Trauma, 14*(1), 17-34.

Wright, J. C., Weissglass, D. E., & Casey, V. (2020). Imaginative role-playing as a medium for moral development: Dungeons & Dragons provides moral training. *Journal of Humanistic Psychology, 60*(1), 99-129.

Wrzus, C., Hanel, M., Wagner, J., & Neyer, F. J. (2013). Social network changes and life events across the life span: A meta-analysis. *Psychological Bulletin, 139*(1), 53-80.

Xu, J., & Roberts, R. E. (2010). The power of positive emotions: It's a matter of life or death—subjective well-being and longevity over 28 years in a general population. *Health Psychology,*

29(1), 9-19.

Yang, Z., Sedikides, C., Izuma, K., Wildschut, T., Kashima, E. S., Luo, Y. L., Chen, J., & Cai, H. (2021). Nostalgia enhances detection of death threat: Neural and behavioral evidence. *Scientific Reports*, *11*(1), 1-8.

Yao, Z., & Enright, R. (2021). Developmental cascades of hostile attribution bias, aggressive behavior, and peer victimization in preadolescence. *Journal of Aggression, Maltreatment & Trauma*, *31*(1), 1-19.

Zapoleon, G. (2021). *Guy Zapoleon's 2021 10-year music cycle update*. AllAccess. https://allaccess.com /consultant-tips/archive/32506/guy-zapoleon-s-2021-10-year-music-cycle-update.

Zevnik, A. (2017). Postracial society as social fantasy: Black communities trapped between racism and a struggle for political recognition. *Political Psychology*, *38*(4), 621-635.

Zgoba, K. (2004). The Amber Alert: The appropriate solution to preventing child abduction? *Journal of Psychiatry & Law*, *32*(1), 71-88.

Zhu, Y., Guan, X., & Li, Y. (2015). The effects of intergroup competition on prosocial behaviors in young children: A comparison of 2.5–3.5-year-olds with 5.5–6.5-year-olds. *Frontiers in Behavioral Neuroscience*, *12*, ArtID 16.

编者介绍

特拉维斯·兰利，博士，美国亨德森州立大学杰出教授，受虐儿童调查员，庭审专家，《幸运轮盘》（*Wheel of Fortune*）游戏节目冠军，美国心理学会、亚马逊等深受欢迎的主讲嘉宾。编撰了14种书籍，定期在世界各地发表演讲，探讨英雄主义心理学及故事对人们生活的影响。曾接受《纽约时报》（*The New York Times*）、《华尔街日报》（*The Wall Street Journal*）、《星期六晚邮报》（*Saturday Evening Post*）、美国有线电视新闻网（CNN）、全球音乐电视台（MTV）等上百家媒体采访。曾以专家身份出现在多部纪录片中，包括《必要的邪恶》（*Necessary Evil*）、《黑暗骑士传奇》（*Legends of the Knight*）、《超级英雄大揭秘》（*Superheroes Decoded*）、《制药兄弟》（*Pharma Bro*）、《美国经典电影有线电视台视野：罗伯特·柯克曼的漫画秘史》（*AMC Visionaries: Robert Kirkman's Secret History of Comics*）及葫芦网（Hulu）出品的《蝙蝠侠与比尔》（*Batman & Bill*）。